生命と環境の化学

三浦 洋四郎 著

八千代出版

生物と重力のはなし

はじめに

　化学は，物質の**構造**，**物性**（性質），および**反応**（変化）の三要素を研究する学問体系である。近代化学は18世紀後半，フランスの化学者ラボアジェ（Antoine L. Lavoisier, 1743-1794）が「質量保存の法則」と「正しい燃焼理論」を発見したこと，ならびに「化合物の系統的命名法」を提案したことから始まったといわれている。18世紀後半から今世紀に至るまで化学者は，化学の三要素の研究に精力を傾け，その結果人間生活にとって多くの便利な物質，すなわち化学物質をつくりだした。したがって化学物質とは，通常人工的に合成された化合物を指す。

　たとえば，イギリスのパーキン（William H. Perkin, 1838-1907）は，1856年アニリンパープル（モーブ，モーベインともいう）と呼ばれる紫色の染料の合成に成功し，それによってそれまで高価であった紫色の染料が比較的容易に手に入るようになった。それ以前は，紫色の天然染料（ティリアンパープル）は小さな貝から抽出されていたが，その量が限られていたので，非常に高価であり，そのため王家または権力者のみが使用していた。よって紫色の衣類の着用は権力の象徴でもあった。日本でも，紫色の着物を着ることができるのは，正三位以上の者に限られていた。したがって，パーキンによるアニリンパープルの化学合成は，一般庶民の紫色の衣類着用を可能にした。これ以降，アニリンパープルのほかにも多種類の化学染料（アリザリン〔赤色〕，インジゴ〔青色〕，アゾ染料〔黄色〕など）が合成されたので，一般庶民は自分好みのカラフルな衣類を着ることができるようになった。また，新しい肥料や農薬（除草剤，殺虫剤，防かび剤など）の開発は穀物，野菜および果物の高収穫を可能にし，人々に豊かな食生活をもたらした。

　このように多くの化学物質がわれわれの生活の質的および量的向上に貢献し，われわれはその物質の威力・便利さに心を奪われた。しかし，化学物質は人工的につくられたものであるから，元々生体に存在しない物質，または

生体の正常機能に無縁な物質であることを忘れてはならない。さらに，化学物質それ自体が人間やその他の生物，地球環境にどんな影響を及ぼすのかを考慮せずにつくられたばかりでなく，われわれは化学物質を大量生産する際，生産する工場からの排煙，排水，そして生産過程でつくられる副生成物などが，生物および地球環境に対しどんな影響を及ぼすかについてほとんど関心をもたなかった。その結果18世紀の産業革命後のイギリスや，明治維新後の殖産興業時代の日本などで大気汚染などの環境問題（公害）が散見されたが，その汚染の規模はそれほど大きいものではなかった。

　しかし，第2次世界大戦後の重化学工業の発展により，特に1950年代後半ごろから世界各地で様々な，そして規模の大きな環境問題が発生した。その中には解決されたものもあるが，現在でもまだ引き続きわれわれを悩ませている環境問題が多くみられる。このように化学物質の生産と使用は，大気汚染はもとより水質汚濁，土壌汚染など地球規模の環境問題を引き起こしたが，環境問題が発生したもう一つの原因には，重化学工業も含めた諸産業の発達に伴う石炭や石油などの化石燃料を利用したエネルギー消費の急速な上昇と，これと並行した自動車の急激な増加があげられる。したがって化学者および化学技術者のみが環境問題を引き起こしたわけではなく，われわれ人間が豊かになってゆくことのみを追及し，自然を認識する，そして，人間を含めた地球上の生物を認識するという視点をもたなかったことが環境問題の根本原因ともいえるのではないだろうか。

　これまでの苦い経験から，これからの化学は上述の三要素を研究する学問であるほかに，自然を認識する学問であらねばならないという考え方が人々の中に深く浸透しはじめた。したがって現在では，人類の繁栄を目的として化学および化学技術の研究を行うのはもちろんであるが，さらに環境（地球）とそこに棲む生物の安全性を考慮したうえでこれらの研究を推進しなければならないという考えが広く浸透している。

　本書の第1章では，元素の誕生，化学結合，物質の性質，化学反応などを

わかりやすく解説し，化学とはどんな学問かを紹介する。第2章では，上に述べたように現在，化学と地球環境およびそこに棲息する生物との関わりが大切であることを踏まえて，生体を構成している物質の構造と機能について述べ，生命現象を化学で説明する。第3章では，化学と環境の関わりについて考えるために，過去の環境問題，現在問題となっている地球規模の環境問題とその防止対策，そして元々生体に存在しない化学物質（特に低分子量の有機化合物で，環境問題に関係のある物質）の生体に及ぼす影響について述べる。そして化学者および化学技術者は実験室や工場の中にだけに目を向けるのではなく，外へ向ける，すなわち生物，そして宇宙までも含む環境（自然）を認識することが，化学と地球および人間（生物）の関わりにおいて重要であることを強調したい。

　本書を執筆するにあたり，多くの著書，論文および資料を参考にしたので，それらは文中，または文献の項に掲載した。最後に，本書の出版を引き受けて下さった八千代出版の方々に厚く御礼申し上げます。

　2003年2月

三浦　洋四郎

目　　次

はじめに

第1章　化学の基礎 ─────────────────── 1

第1節　物質を構成する基本粒子 ·· 1
1. ビッグバンと元素の誕生　1
2. 原子と元素　3
3. 原子量・分子量　7
4. 元素の周期律　8

第2節　化 学 結 合 ··· 9
1. 電子の役割　9
2. 化学結合の種類　10

第3節　酸，塩基およびpH ·· 14
1. 電　解　質　14
2. 酸　と　塩　基　15
3. 酸と塩基の定義　16
4. 水の電離とpH　17

第4節　化学反応とエネルギー ·· 18
1. 自由エネルギー　18
2. $\varDelta G$ の測定　19

第5節　無機化合物と有機化合物 ··· 20
1. 無機化合物　20
2. 有機化合物　22

第2章　生体物質の化学 ――――――――――――――――― 27

第1節　生物のはたらき手：タンパク質の化学 ………… 27
1. タンパク質はアミノ酸のポリマー　27
2. タンパク質の構造と種類　31
3. 生体の中の巧みな生物機械：酵素（enzyme）　33
4. 体の中の運送屋：運搬タンパク質　34
5. 生体を守るミクロの戦士：免疫グロブリン　38
6. 狂牛病を引き起こすプリオン　40

第2節　甘いもの：糖質の化学 ……………………………… 42
1. 糖質の種類と構造　42
2. 糖の甘さと人工甘味料　47
3. 食物繊維の効果　49
4. 糖質のエネルギーとアルコール発酵　52
5. 血液型は糖が決める：複合糖質の役割　54

第3節　水に溶けにくいもの：脂質の化学 ……………… 56
1. 脂質の種類と構造　56
2. 魚を食べると頭がよくなるか：高度不飽和脂肪酸の栄養生理機能　64
3. 不飽和脂肪酸の弱点：過酸化脂質の生成と生体に及ぼす影響　66
4. 脂質のエネルギーと運搬　67
5. 人工油脂：オレストラ　71
6. 善玉，悪玉コレステロール　72
7. 外と内を仕切るもの：生体膜とリン脂質　75

第4節　親から子に伝わるもの：核酸の化学 …………… 77
1. 核酸の種類と構造　77
2. 子が親に似るわけは：DNAの複製，タンパク質の生合成の指令　80
3. タンパク質の生合成　81
4. 大昔はRNAが遺伝子であった：RNAの酵素作用，自己編集　84
5. 他の生物の仕組みを利用して増える生命体：ウイルス　85

第3章 人と環境の化学 ──────────────── 91
第1節 環境を蝕む化学物質 ……………………………………… 91
1. レイチェル・カーソンと『沈黙の春』 91
2. 日本の公害の歴史 92

第2節 地球規模の環境問題 ……………………………………… 97
1. 皮膚がんが増える：フロンによるオゾン層の破壊とその影響 97
2. 緑のペスト：酸性雨の被害 104
3. 都市が水浸しになる：地球温暖化現象 111
4. PCB：化学工業の花形から公害物質に転落した有機塩素化合物 115
5. 枯葉剤に含まれていた猛毒：ダイオキシン 119
6. 水道水が危ない：有機塩素化合物とトリハロメタンによる水質汚染 124
7. 静かな時限爆弾：石綿による環境汚染 128
8. 生物は子孫を残せるか：内分泌攪乱化学物質(環境ホルモン)の恐怖 132

第3節 化学物質の生体への影響 ………………………………… 138
1. 生体は巧みに化学物質を排除する：生体防御機構 138
2. 化学物質(ゼノバイオティクス)を処理するスーパー酵素：P-450 140
3. P-450の反乱：発がん物質の生成 146
4. P-450のもう一つの役割：内在性基質の代謝 151

資 料 ………………………………………………………………… 157
索 引 ………………………………………………………………… 161

第1章

化学の基礎

第1節　物質を構成する基本粒子

1. ビッグバンと元素の誕生

　化学は，一般に原子以上の（原子より大きな）物質集団を対象とする学問である。地球にはいろいろな物質が存在し，それらは様々な元素から構成されているが，元素または原子はどのようにしてできたのであろうか。さらに地球を含む太陽系や他の天体はいつごろ誕生したのであろうか。まずは宇宙誕生を考えてみよう。宇宙誕生にはいくつかの説があるが，ロシア生まれのアメリカの理論物理学者であるガモフ（George Gamov, 1904-1968）が1940年代の末に提唱した「**ビッグバン**（Big Bang）**説**（大爆発説ともいう）」が有力な説である。ビッグバン説という名称は，ガモフ自身が名付けたわけではなく，この説に反論したイギリスの天文学者のホイル（Fred Hoyle, 1915-2001）が，「あんな説は自爆ものだ」と軽蔑して呼んだことから定着したといわれている。ホイル自身は宇宙誕生に関して定常宇宙説を提唱したが，この説はその後の観測結果などから否定されている。

　ビッグバン説によると，今から約135〜139億年前に，超高温，超高圧，超微小の宇宙が出現し，それが大爆発を起こして急激に膨張し，現在の宇宙になったという。したがって現在も宇宙は膨張し続けているといわれる。ビッグバン（大爆発）の約10万分の1秒後は宇宙の温度は約5兆℃で，存在するものは光子のみであったが，ビッグバンから10秒後には光子から「陽

子」,「中性子」および「電子」が生成した。しかし,高温のためこれらの粒子は結合できなかった。ビッグバンの3分後には,ヘリウムの原子核(陽子2個と中性子2個から成る)ができたが,電子はまだ結合できなかった。ビッグバンの約10^5年後に,ようやく原子核と電子が結合し,水素原子(陽子および電子がそれぞれ1個から成る)とヘリウム原子(陽子,中性子および電子がそれぞれ2個から成る)が誕生した。したがってこの時点では,宇宙の最初の星は水素やヘリウムなどの軽い元素から成るものであったが,その後この軽い星が超新星爆発を繰り返し,その過程で種々の元素がつくられ,現在の宇宙になった。地球の誕生は約46億年前といわれるが,約35億年前に,太陽のエネルギーにより様々な元素が複雑な反応を繰り広げて生命が誕生した。

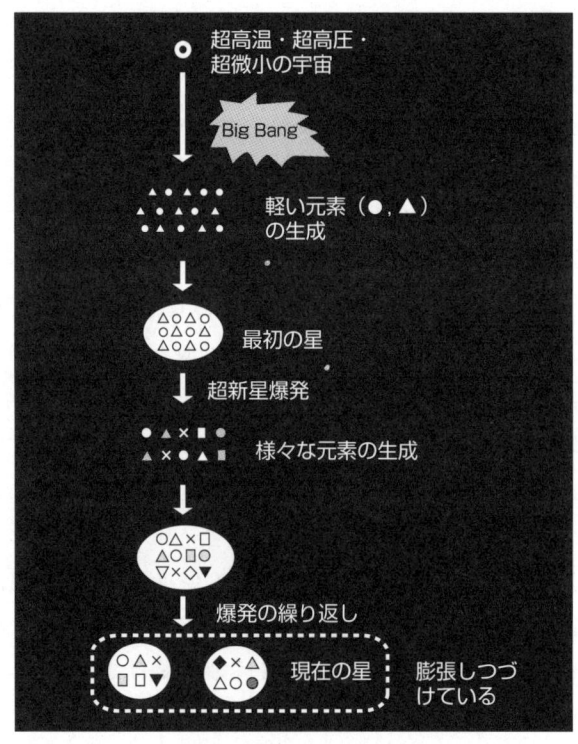

図1-1　宇宙の誕生

2. 原子と元素

(1) 物質の構成の基本法則

ギリシアの哲学者であるデモクリトス（Demokritos, 紀元前460ごろ-370ごろ）は，物質はそれ以上分解できない微粒子から構成されているという説を唱え，その微粒子を**原子**（atomos）（ギリシア語でそれ以上分割できないという意味）と名付けた。その後物質の根源を成すものについていろいろな説が提唱されたが，イギリスの化学者ボイル（Robert Boyle, 1626-1691）の説には，**元素**（element）という言葉が登場した。ボイルの説では，物質を分解していくとそれ以上分解できない単純物に達し，それが元素であり，すべての物質は元素から構成されているとした。この後物質の構成に関する定量的基本法則がいくつか発見され，ラボアジェ（Antoine L. Lavoisier, 1743-1794）は，1774年「反応の前後では，物質の総質量は変わらない」という**質量保存**の法則を発見した。プルースト（Joseph L. Proust, 1754-1826）は，1799年「一つの化合物に含まれる成分元素の質量の比は一定である」という**定比例**の法則を発見した。

物質の構成に関するより近代的な**原子説**を提唱したのは，イギリスの化学者ドルトン（John Dalton, 1766-1844）である。ドルトンの原子説（1803年）の要点をまとめると以下のようになる。

① 物質は，それ以上分割できない原子からできている。
② 原子には，固有の性質と質量がある。
③ 化合物は，異なる2種類以上の原子が一定の数の割合で結合したものである。

ドルトンの原子説にしたがえば，それまで知られていた定量的な基本法則がよく説明できると思われた。1809年，フランスの物理学者・化学者ゲイリュサック（Joseph L. Gay-Lussac, 1778-1850）は，気体どうしが反応するとき，「温度が一定の場合，反応する気体や生成する気体の体積には，簡単な整数比が成り立つ」という**気体反応**の法則を発見した。水素と酸素から水ができる反応においても，気体反応の法則が成り立つが，この反応における水素，

酸素および水の体積比 (2:1:2) はドルトンの原子説では説明できなかった。そこで1811年イタリアの物理学者アボガドロ (Amedo Avogadro, 1776-1856) は、ドルトンの原子説を補うために**分子説**（アボガドロの仮説）を発表した。アボガドロの分子説をまとめると以下のようになる。

① 気体は分子 (molecule) という微粒子からできていて、分子は一つまたはいくつかの原子から構成されている。

② 気体は、同温・同圧において同体積中には同数の分子を含む。

この説では、気体反応の法則も無理なく説明ができ、アボガドロの仮説はその後多くの実験によって正しいことが確認され、現在では**アボガドロの法則**と呼ばれる。

(2) 原子の構造

原子は、正の電荷をもつ**原子核** (atomic nucleus) を負に帯電した**電子** (electron) が取り巻く構造をしている。原子核は正の電荷をもつ**陽子** (proton) と、電荷をもたず、陽子とほぼ同じ質量の**中性子** (neutron) から構成されている。原子の中では陽子の数と電子の数が等しいため、原子全体としては電荷をもたない。原子核の直径は 10^{-14}〜10^{-15}m で、水素原子の直径は約 10^{-10}m なので、原子核は原子に比べてはるかに小さい。電子の質量は、陽子や中性子の約1,840分の1なので、原子の質量は、原子核の質量にほぼ等しい。

$$\text{原子 (atom)} \begin{cases} \text{原子核 (atomic nucleus)} \begin{cases} \text{陽子 (proton)} \quad Z \text{個} \\ \text{中性子 (neutron)} \quad N \text{個} \end{cases} \\ \text{電子 (electron)} \quad Z \text{個} \end{cases}$$

元素の種類は、原子核内の陽子の数で決まり、この数を原子番号 (Z) という。原子核に含まれる陽子の数 (Z) と中性子の数 (N) の和を**質量数** (mass number, A) といい、A によって一つの原子種が規定される。これを**核種** (nuclide) という。原子を表すとき、元素記号の左上に質量数 (A)、左

下に原子番号（Z）を書く。

$$\begin{array}{l} A \\ Z \end{array} \boxed{\text{元素記号}}$$

たとえば，天然の水素には質量数1と2の原子があり，それらは $_1^1\text{H}$, $_1^2\text{H}$ と記される。元素記号がわかれば，Z はわかるので，通常 Z を省略して ^1H, ^2H と書いてもよい。このように原子番号が同じで，質量数が異なる原子（または，中性子の数が異なる原子）を，互いに**同位体**（isotope）という。したがって，**元素**とは，「Z の等しい原子の集合，または Z の等しい同位体の集合」ということになる。自然界にある元素の多くは，2種類以上の同位体を含み，同位体の存在比は，それぞれの元素においてほぼ一定している。同位体のうち，放射線を出さない同位体を「安定同位体」，放射線を出す同位体を「**放射性同位体**」という。同位体の例を次に示す。

炭素の同位体：$_6^{12}\text{C}$（存在率：98.9 %），$_6^{13}\text{C}$（1.1 %）

ウランの同位体：$_{92}^{234}\text{U}$（0.006 %），$_{92}^{235}\text{U}$（0.718 %），$_{92}^{238}\text{U}$（99.276 %）

$_6^{12}\text{C}$ および $_6^{13}\text{C}$ は安定同位体であるが，$_{92}^{234}\text{U}$, $_{92}^{235}\text{U}$, $_{92}^{238}\text{U}$ はいずれも放射性同位体である。同じ元素の同位体では電子の数は等しいので，同位体はほぼ同じ化学的性質を示す。

(3) **電子殻と電子配置**

原子番号が増加するにつれて原子中の陽子の数が増えていき，同時に電子の数も増えていく。それらの電子は，原子核を中心としたいくつか決まった軌道に存在する。軌道は原子核を中心に殻状に分布し，その殻に電子が入ることになるから，電子が入る殻を**電子殻**という。電子殻は，原子核に近いものから順に，K, L, M, N, O, P, Q殻といい，電子核に入る電子の最大数は，K, L, M, N, ……殻それぞれ，2, 8, 18, 32個……となっている。電子はエネルギーの低い内側の電子殻から順に入っていく。表1-1は原子の電子が各電子殻に入っているようす，すなわち電子配置を示したものである。

表1-1 原子の電子配置表

原子番号	元素記号	K殻	L殻	M殻	N殻	O殻	原子番号	元素記号	K殻	L殻	M殻	N殻	O殻	P殻	Q殻
1	H	1					47	Ag	2	8	18	18	1		
2	He	2					48	Cd	2	8	18	18	2		
3	Li	2	1				49	In	2	8	18	18	3		
4	Be	2	2				50	Sn	2	8	18	18	4		
5	B	2	3				51	Sb	2	8	18	18	5		
6	C	2	4				52	Te	2	8	18	18	6		
7	N	2	5				53	I	2	8	18	18	7		
8	O	2	6				54	Xe	2	8	18	18	8		
9	F	2	7				55	Cs	2	8	18	18	8	1	
10	Ne	2	8				56	Ba	2	8	18	18	8	2	
11	Na	2	8	1			57	La	2	8	18	18	9	2	
12	Mg	2	8	2			58	Ce	2	8	18	20	8	2	
13	Al	2	8	3			59	Pr	2	8	18	21	8	2	
14	Si	2	8	4			60	Nd	2	8	18	22	8	2	
15	P	2	8	5			61	Pm	2	8	18	23	8	2	
16	S	2	8	6			62	Sm	2	8	18	24	8	2	
17	Cl	2	8	7			63	Eu	2	8	18	25	8	2	
18	Ar	2	8	8			64	Gd	2	8	18	25	9	2	
19	K	2	8	8	1		65	Tb	2	8	18	27	8	2	
20	Ca	2	8	8	2		66	Dy	2	8	18	28	8	2	
21	Sc	2	8	9	2		67	Ho	2	8	18	29	8	2	
22	Ti	2	8	10	2		68	Er	2	8	18	30	8	2	
23	V	2	8	11	2		69	Tm	2	8	18	31	8	2	
24	Cr	2	8	13	1		70	Yb	2	8	18	32	8	2	
25	Mn	2	8	13	2		71	Lu	2	8	18	32	9	2	
26	Fe	2	8	14	2		72	Hf	2	8	18	32	10	2	
27	Co	2	8	15	2		73	Ta	2	8	18	32	11	2	
28	Ni	2	8	16	2		74	W	2	8	18	32	12	2	
29	Cu	2	8	18	1		75	Re	2	8	18	32	13	2	
30	Zn	2	8	18	2		76	Os	2	8	18	32	14	2	
31	Ga	2	8	18	3		77	Ir	2	8	18	32	15	2	
32	Ge	2	8	18	4		78	Pt	2	8	18	32	17	1	
33	As	2	8	18	5		79	Au	2	8	18	32	18	1	
34	Se	2	8	18	6		80	Hg	2	8	18	32	18	2	
35	Br	2	8	18	7		81	Tl	2	8	18	32	18	3	
36	Kr	2	8	18	8		82	Pb	2	8	18	32	18	4	
37	Rb	2	8	18	8	1	83	Bi	2	8	18	32	18	5	
38	Sr	2	8	18	8	2	84	Po	2	8	18	32	18	6	
39	Y	2	8	18	9	2	85	At	2	8	18	32	18	7	
40	Zr	2	8	18	10	2	86	Rn	2	8	18	32	18	8	
41	Nb	2	8	18	12	1	87	Fr	2	8	18	32	18	8	1
42	Mo	2	8	18	13	1	88	Ra	2	8	18	32	18	8	2
43	Tc	2	8	18	14	1	89	Ac	2	8	18	32	18	9	2
44	Ru	2	8	18	15	1	90	Th	2	8	18	32	18	10	2
45	Rh	2	8	18	16	1	91	Pa	2	8	18	32	20	9	2
46	Pd	2	8	18	18		92	U	2	8	18	32	21	9	2

原子中の電子のうち，もっとも外側の殻にある電子を**最外殻電子**という。最外殻電子は，原子どうしの化学結合や，原子がイオン（電荷をもった原子，または原子団〔分子団〕をイオンという）になるときに重要な役割を演ずる。また，元素の物理的および化学的性質は，最外殻電子によって決まる。最外殻電子は**価電子**とも呼ばれる。

3. 原子量・分子量

(1) 原子量

原子の質量はきわめて小さいので（たとえば，水素原子の質量：$1.67×10^{-24}$g），原子の質量そのものを使うよりも，特定の原子の質量を基準にした相対的な値を使うほうが便利である。したがって，炭素の同位体の一つである「$^{12}_{6}C$」の質量を「12」とすることが国際的に取り決められ，他の原子の相対質量が求められた。天然の元素は通常いくつかの同位体が混ざっているので，元素の原子量は，同位体の相対質量と存在比から定められる（表1-2，巻末資料1）。たとえば，塩素は$^{35}_{17}Cl$と$^{37}_{17}Cl$は表1-2の割合で混ざっているので，塩素の原子量は次のようになる。

表1-2 同位体の存在比と原子量の例

元素	記号	同位体の質量 (原子質量単位)	存在率(%)	原子量
水素	^1H ^2H	1.0078 2.0141	99.985 0.015	1.008
炭素	^{12}C ^{13}C	12 13.0034	98.90 1.10	12.01
窒素	^{14}N ^{15}N	14.0031 15.0001	99.635 0.365	14.01
酸素	^{16}O ^{17}O ^{18}O	15.9949 16.9991 17.9992	99.762 0.038 0.200	15.999
塩素	^{35}Cl ^{37}Cl	34.9689 36.9659	75.77 24.23	35.4527

$$34.9689 \times 0.7577 + 36.9659 \times 0.2423 = 35.4527 \text{(塩素の原子量)}$$

このように，原子量は個々の核種（原子）について決めるのではなく，元素について決められている。

(2) 分子量

分子とは，原子の結合体であるので，分子量は分子を構成している元素の原子量の和となる。たとえば，水 H_2O の分子量は，以下のようになる。

$$水の分子量 = 1.01\text{(水素の原子量)} \times 2 + 16.00\text{(酸素の原子量)} \times 1 = 18.02$$

（小数第2位まで計算）

4. 元素の周期律

　元素を原子番号順に並べると，化学的および物理的性質の似た元素が周期的に現れる。また，原子やイオンの大きさなどにも周期性がみられる。これを元素の周期律という。現在までに知られている元素（109種類）を原子番号順に並べ，化学的および物理的性質の似た元素が縦に並ぶようにした表が周期表（資料2参照）である。周期表の横の並びを**周期**（period），縦の並びを**属**（group）という。現在の周期表の基礎となるものを最初につくった化学者は，ロシアのメンデレーエフ（Dmitrii I. Mendeleev, 1834-1907）である。彼はそのころ発見されていた約60種類の元素を原子量の順に並べたとき，元素の性質が周期的に変わること（周期律）を発見し，1871年，周期表（表1-3）をつくった。

　彼は周期表の空欄に入るべき未知元素の物理的および化学的性質を予言した。たとえば，メンデレーエフの周期表の5周期IV属の元素はその当時まだ発見されていなかったが，彼はこの元素を「エカケイ素」と呼び，その性質を予言した。1885年に発見されたその元素はゲルマニウムと命名され，その性質が調べられたが，メンデレーエフが予言した性質と驚くほどよく一致していた（表1-4）。これによって周期律の正しさが一般に認められるようになった。メンデレーエフの周期表は新元素の発見とともに改良され，上述のように現在の周期表では元素の原子量の順ではなく，原子番号の順に配列さ

表1-3 メンデレーエフの周期表（1871年改訂のもの）

周期＼族	I	II	III	IV	V	VI	VII	VIII
1	H	—	—	—	—	—	—	—
2	Li	Be	B	C	N	O	F	—
3	Na	Mg	Al	Si	P	S	Cl	—
4	K	Ca	—	Ti	V	Cr	Mn	Fe Co Ni Cu
5	(Cu)	Zn	—	—	As	Se	Br	—
6	Rb	Sr	Y	Zr	Nb	Mo	—	Ru Rh Pd Ag
7	(Ag)	Cd	In	Sn	Sb	Te	I	—
8	Cs	Ba	Dy	Ce	—	—	—	—
9	—	—	—	—	—	—	—	—
10	—	—	Er	La	Ta	W	—	Os Ir Pt Au
11	(Au)	Hg	Tl	Pb	Bi	—	—	—
12	—	—	—	Th	—	U	—	—

表1-4 エカケイ素とゲルマニウム

	エカケイ素（Es）(予想)	ゲルマニウム（Ge）(1886)
原子量	72	72.32
比重	5.5	5.46
比熱	0.073	0.076
モル体積	13 cm³	13.22 cm³
色	暗灰色	灰白色
酸化物の比重	EsO_2　4.7	GeO_2　4.703
塩化物の比重	$EsCl_4$　1.9	$GeCl_4$　1.887

れている。

第2節　化学結合

1. 電子の役割

　天然には様々な元素が存在し，それらがいろいろな化学結合によって結び

ついて物質がつくられている。ではどのような化学結合によって物質はできるのであろうか。その化学結合で重要な役割を果たしているものは何であろうか。ここではまず元素および元素が結合してつくられた物質の定義を述べる。

① 元素 (element)：それ以上分解できない究極の物質構成要素（原子番号が等しい同位体の集合）。例：水素，炭素，酸素，……

② 単体 (simple substance)：1種類の元素のみからできている純物質。例：空気中の酸素 O_2 と窒素 N_2，鉄 Fe，ナトリウム Na，ダイヤモンド C，……

③ 化合物 (compound)：2種類以上の元素からできている純物質（非常に種類が多い）。例：水 H_2O，二酸化炭素 CO_2，食塩 NaCl，ブドウ糖 $C_6H_{12}O_6$，……

④ もの (object)：人間が感知しうる対象。

⑤ 物体 (matter)：形（長さ，幅，高さなど）をそなえたもの。

⑥ 物質 (substance)：物体をつくりあげている実質。「もの」の具体化したいい方。質量をもち，時間と空間の存在形式をもつ。

元素は原子番号の等しい原子の集合体であるから，化学結合について述べる場合は「原子間の化学結合」について述べることになる。原子と原子が互いに近づき，接触することによって結合が生ずるが，最初に接触するのは電子である。したがって，化学結合において重要な役割を果たしているのは，原子のもっとも外側にある**最外殻電子**である。化学結合とは，各原子の最外殻電子どうしの相互作用によって生ずるといってもいいだろう。

2. 化学結合の種類

(1) イオン結合

ヘリウム，ネオン，アルゴンなどは希ガスと呼ばれ，化学的に安定であるが，それはこれらの原子の最外殻電子が安定な電子配置をとるからである。したがって，他の原子でも，電子を失うか取り入れることにより，希ガスと

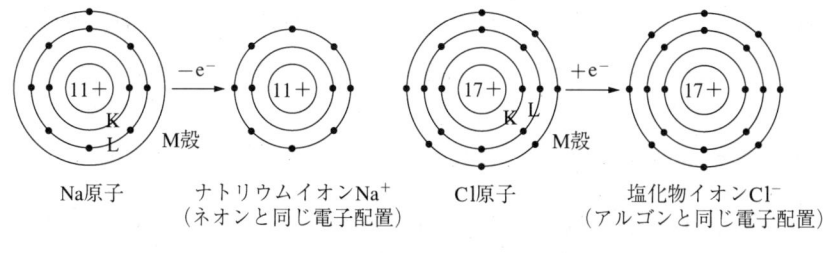

図1-2　ナトリウムと塩化物イオン

同じ電子配置をとれば安定になる。ナトリウムやカリウムなどのアルカリ金属は，最外殻に1個の電子をもつので，この電子を失えば，希ガスと同じ電子配置になる（図1-2）。このとき，電子を1個失ったので，これらの原子は正の電荷をもった1価の**陽イオン**となる。一方，フッ素，塩素，臭素，ヨウ素などのハロゲンは，最外殻に7個の電子をもつので，7個の電子を放出するよりも，1個の電子を取り入れると希ガスと同じ電子配置になり，安定化する。このとき，1個の電子を取り込んだので，これらの原子は負の電荷をもった1価の**陰イオン**となる（図1-2）。このように，電荷をもった原子をイオンという。イオンには，このほかに2個以上の原子が結合して電荷をもつ多原子イオン（たとえば，OH^-，NH_4^+，HCO_3^- など）がある。

　イオン結合とは，陽イオンと陰イオンが静電的引力による結合をいう。食塩（塩化ナトリウム）は，Na^+（ナトリウムイオン）Cl^-（塩化物イオン）が静電力によって引き合ってできた化合物である。イオン結合によってできた化合物には，このほか硫酸カルシウム Ca_2SO_4（石膏の原料），炭酸水素ナトリウム $NaHCO_3$（重曹，ベーキングパウダー）などがある。

(2)　共有結合

　アメリカの化学者ルイス（Gilbert N. Lewis, 1875-1946）は，2個の電子が対をつくり，2個の原子に共有されて原子間に結合ができることを提唱した。この結合を**共有結合**という。ルイスは電子を「点・」で表す便利な記述方式を提唱し，これを用いると，たとえば，水素分子は H:H と表される（ルイ

ス構造式）。原子が多くの電子をもつ場合は，最外殻電子のみを元素記号の周囲に書き，共有結合に関与する電子は2個の原子の間に置く。この方式により，水素，ヘリウム，炭素，窒素，酸素，ナトリウム，リン，イオウおよび塩素原子は，それぞれ次のように表される。

H・　　He:　　・C・　　・N・　　:O・　　Na・　　・P・　　:S・　　:Cl:

また，共有結合による化合物の例を以下に示した。

Lewis 構造式

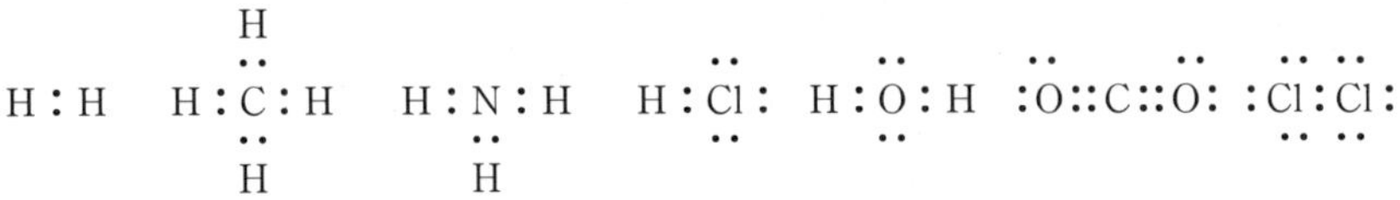

H:H　　H:C:H　　H:N:H　　H:Cl:　　H:O:H　　:O::C::O:　　:Cl:Cl:

構造式

H－H　　H－C－H　　H－N－H　　H－Cl　　H－O－H　　O＝C＝O　　Cl－Cl

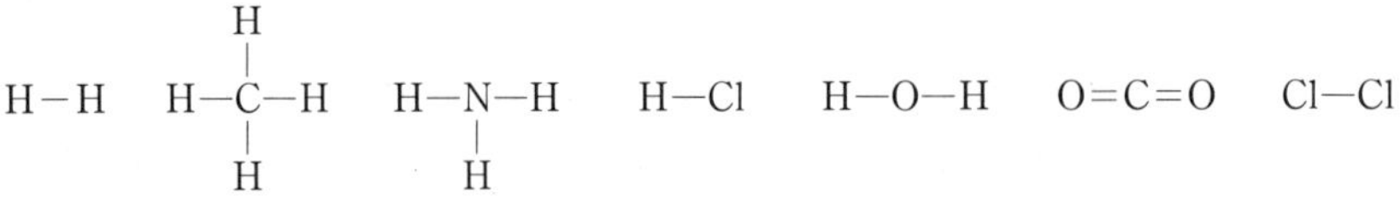

水素　　　メタン　　　アンモニア　　塩化水素　　　水　　　二酸化炭素　　塩素

電子が2個，対になっているものを**電子対**，1個だけの電子を**不対電子**という。電子対のうち，2原子間に共有されている電子対を**共有電子対**，共有されていない電子対を**非共有電子対**（または孤立電子対）という。一対の「共有電子対：」の代わりに，価標という1本の線（－）で表した化学式を構造式といい，1，2，3本の価標で表される結合をそれぞれ単結合，二重結合，三重結合と呼ぶ。共有結合において，水素分子や酸素分子ではそれぞれ2個の同じ原子でできているので，共有された電子はどちらかの原子にかたよって存在することはない。しかし，異なる原子間では，共有電子は電子を引きつける力（電気陰性度という）の強い原子に引きつけられる。したがって電荷の片寄りが生じるが，この片寄りを**分極**という。たとえば，塩化水素では共有電子は塩素原子側に引きつけられて存在する。

(3) 配位結合

アンモニア分子 NH_3 には，3つの共有電子対（N原子とH原子の間で共有）のほかに，結合に関与していない1個の非共有電子対があるが，N原子がこの非共有電子対を H^+ に供給するとアンモニウムイオン NH_4^+ となる。このように片方の原子が2個の電子を相手の原子に供給してできた共有結合を配位結合という。**配位結合**は，このほかに酸が水に溶けてできるオキソニウムイオン H_3O^+ にもみられる。

$$H\!:\!\overset{..}{\underset{H}{N}}\!:\!H + H^+ \longrightarrow \left[H\!:\!\overset{H}{\underset{H}{\overset{..}{N}}}\!:\!H\right]^+ \qquad H\!:\!\overset{..}{\underset{..}{O}}\!:\!H + H^+ \longrightarrow \left[H\!:\!\overset{..}{\underset{H}{O}}\!:\!H\right]^+$$

　　　　　　　　　　　アンモニウムイオン　　　　　　　　　　　　　オキソニウムイオン

(4) 金属結合

金属はイオン結合や共有結合の物質とは異なり，独特の性質，すなわち①電気や熱の良導体である，②金属独特の光沢をもつ，③薄く広がる（展性という），④引っ張ると細長く伸びる（延性という），があるが，それは金属特有の結合に起因する。金属は最外殻電子を出して陽イオンとなるが，この電子は特定の原子に固定されることなく自由に金属原子間を移動し，電子は金属全体に広がっている。この電子を**自由電子**と呼び，自由電子が金属イオンを結びつけている結合を**金属結合**という。上記の金属特有の性質は，この自由電子のはたらきによるものである。

(5) 水素結合

酸素，窒素，フッ素のような電気陰性度の大きい2個の原子間に水素原子Hが仲立ちして生じる結合を**水素結合**という。たとえば，水分子 H_2O では，酸素原子Oの電気陰性度が大きいので，酸素原子Oが少し負の電荷を，水素原子Hは少し正の電荷をもつ。このため，隣り合う水分子のOとHとの間に静電的引力がはたらき，水素が介在して結合が生じる（図1-3）。

水素結合のエネルギーは，イオン結合や共有結合のエネルギーよりは小さく，共有結合の強さの1/5～1/10程度であるが，何本もの水素結合が形成さ

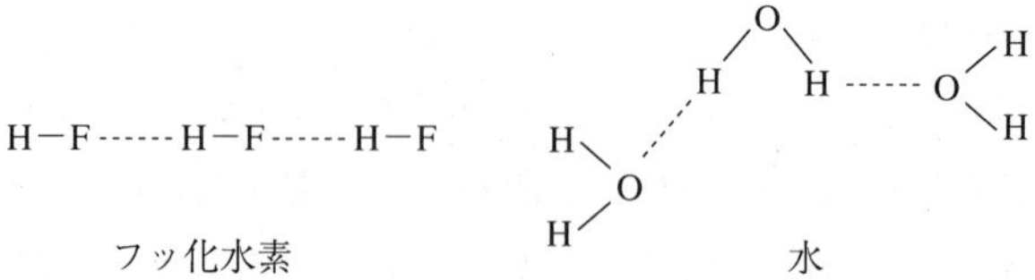

```
H-F······H-F······H-F          H    O-H
                                 \ /
                                  H······O
                                       / \
                                      H   H
    フッ化水素                    水
```

図1-3 二つの分子間の水素結合（点線）

れると強くなる。生体高分子であるタンパク質や核酸には多くの水素結合が存在し，これらの高分子化合物が安定で秩序ある構造をとるのに水素結合は重要な役割を果している。また，水素結合する分子から成る化合物（HF，H_2O，NH_3 など）の融点や沸点は，異常に高くなる。

(6) **ファン・デル・ワールス力**

あらゆる分子の間ではたらく弱い引力をファン・デル・ワールス力という（ファン・デル・ワールス力は，水素結合の強さの1/10位である）。分子結晶（たとえば，アルゴン，水素，二酸化炭素，ヨウ素，イオウなど）は分子が規則正しく配列したものであるが，このファン・デル・ワールス力によって構造が保持されている。ファン・デル・ワールス力や水素結合による力など，分子間の引力としてはたらく力を分子間力という。

第3節　酸，塩基およびpH

1. 電解質

塩化ナトリウム（食塩）を水に少量入れて放置すると自然に溶けて均一な混合物（食塩水）になる。一般に溶かすものを**溶媒**（solvent，食塩水の場合は水），溶けるものを**溶質**（solute，食塩水の場合は食塩）という。液体に他の物質が溶けることを**溶解**（dissolution），できた均一な混合物を**溶液**（solution）という。水などの溶媒に物質を溶かすと，その水溶液が電気伝導性をもつようになることがある。このような物質を**電解質**といい，電解質が溶けている溶

液を電解質溶液という。電解質は溶液中では陽イオンと陰イオンに解離している。これを**電離**という。電解質を電離させる代表的な溶媒は水であるが，液体アンモニアや酢酸なども電解質を電離させることができる。純粋な水はほとんど電気を通さないが，塩化ナトリウムが溶けた水溶液は，電離によってできたナトリウムイオンと塩化物イオンを含むので食塩水は電気を通す。一方，ショ糖（砂糖）分子は水によく溶けるが，ショ糖は溶解しても電離しないので，ショ糖水溶液は電気を通さない。このような物質を非電解質という。

電解質は，電離の程度の大小により強電解質と弱電解質に分けられる。強電解質の例としては，塩類（塩化ナトリウム NaCl，硫酸ナトリウム Na_2SO_4 など），強酸（塩酸 HCl など）および強塩基（水酸化ナトリウム NaOH など）などがあげられる。これらの物質は水溶液中では，ほぼ完全に電離している。一方，弱電解質に属するものは，弱酸（酢酸 CH_3COOH など）や弱塩基（アンモニア NH_3 など）などである。

2. 酸と塩基

われわれの身の回りには，酸味を呈するレモン汁，食酢などがあり，これらは青色リトマス試験紙を赤くする性質がある。この性質を**酸性**といい，そのような性質をもつ物質を**酸**（acid）という。一方，アンモニア水や消石灰（$Ca(OH)_2$，酸性になった土壌を中和するのに用いる）水溶液は酸を中和し，赤色リトマス試験紙を青くする性質がある。この性質を**塩基性**といい，このような性質をもつ物質を**塩基**（base）という。塩基のうちで水に溶けやすい物質を**アルカリ**（alkali）と呼び，その水溶液を**アルカリ性**という。

塩化水素 HCl の水溶液（塩酸）では，HCl が次のように電離して，H^+（水素イオン，プロトンともいう）ができる。

$$HCl \longrightarrow H^+ + Cl^-$$

酸性とは，実は H^+（水素イオン）自身が示す性質のことであり，酸とは電離して H^+ を生じる物質である。

3. 酸と塩基の定義

アレーニウス (Svante A. Arrhenius, 1859-1927) は，1887年酸と塩基を次のように定義した。「酸は水溶液中で水素イオン H^+ を生じる物質であり，塩基は水溶液中で水酸化物イオン OH^- を生じる物質である。」塩化水素は，その水溶液では上に示したように水素イオン H^+ が生じているから酸であり，消石灰の水溶液中では下記のように OH^- が生じているので，消石灰は塩基である。

$$Ca(OH)_2 \longrightarrow Ca^{2+} + 2\ OH^-$$

アレニウスの酸と塩基の定義は，水溶液の場合にだけしか使えないので，1923年デンマークのブレンステッド (Johannes N. Brønsted, 1879-1947) は，水以外の溶媒（たとえば，液体アンモニア）でも広く適用できる酸と塩基の定義を提唱した。ブレンステッドの定義では，「**酸とは水素イオン H^+ を与える物質であり，塩基とは水素イオン H^+ を受け取る物質である。**」この定義（ブレンステッドが提唱した同年に，ローリー〔Thomas Lowry〕も同じ説を提唱したので，Brønsted-Lowryの定義ということもある）では，アンモニアが塩基性を示すことや（下記(a)式），H^+ や OH^- が存在しない気体中で起こる酸と塩基の反応（下記(b)式）もよく説明できる。

$$NH_3\ +\ H_2O\ \longrightarrow\ NH_4^+\ +\ OH^-\qquad (a)$$
（塩基）　　（酸）

$$HCl\ +\ NH_3\ \longrightarrow\ NH_4Cl\qquad\qquad (b)$$
（酸）　　（塩基）

強電解質である酸を強酸，塩基を強塩基といい，弱電解質である酸を弱酸，塩基を弱塩基という。強酸には，塩酸 HCl，硫酸 H_2SO_4，硝酸 HNO_3 などがあり，強塩基には，水酸化ナトリウム $NaOH$，水酸化カリウム KOH，水酸化バリウム $Ba(OH)_2$ などがある。弱酸は，酢酸 CH_3COOH，シュウ酸 $HOOC-COOH$，リン酸 H_3PO_4 などであり，弱塩基は，アンモニア NH_3，水酸化鉄(II) $Fe(OH)_3$ などである。

4. 水の電離とpH

水もわずかながら電離している。この電離平衡には、$[H^+][OH^-]=K_w$ という式が成立し、平衡定数 K_w は水の**イオン積**と呼ばれる。

$$H_2O \rightarrow H^+ + OH^-$$

純水中に生じている H^+ と OH^- の濃度は、25℃において、$[H^+]=[OH^-]=1.0\times10^{-7}$mol*/dm^3 である。酸性または塩基性水溶液中でも、上記の式は成立するので、25℃では $K_w=1.0\times10^{-14}$mol^2/dm^6 となる。

水溶液中では、$[H^+]$ と $[OH^-]$ との積は一定となるから、酸性・塩基性の強さの程度は水素イオン（H^+）濃度だけで決まる。水素イオン濃度は広範囲にわたるので、それを対数尺度で表すと便利である。水素イオン濃度 (mol/dm^3) の数値の常用対数を、符号を変えた数（単位はない）で表したものを**水素イオン指数**（pH）という。

$$pH = -\log[H^+]$$

たとえば、0.001 mol の塩酸 HCl の pH は、$-\log 0.001 = -(-3) = 3$ となる。

pH は 0 から 14 の間にあり、pH を用いると、常温で酸性、中性、塩基性は次のようになる。

酸性　pH＜7　　中性　pH＝7　　塩基性　pH＞7

pH は常用対数で表しているから、pH の値が 1 だけ小さくなるごとに、水素イオン濃度は 10 倍ずつ増えることになる。身近な溶液の pH を図 1-4 に示す。

---

* 1 mol とは、「12 g の ^{12}C に含まれる原子と同じ数の粒子の集まり」と定義されるが、物質 1 mol の質量をグラム単位で表すと、その数値は原子量、分子量などの数値と同じになる。すなわち、1 mol の原子や分子の質量は、それぞれ（原子量）g、（分子量）g となる。たとえば、1 mol のナトリウム Na は 23.0 g、1 mol の水 H_2O は 18.0 g である。

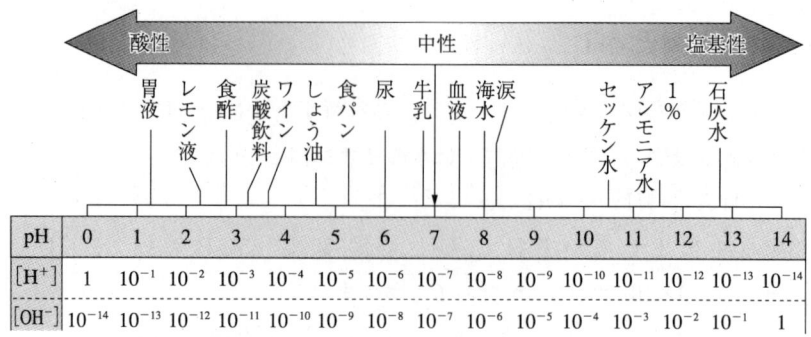

図1-4　身近な溶液のpH

第4節　化学反応とエネルギー

　化学反応や物理的変化におけるエネルギー変化の関係を調べる研究は熱力学と呼ばれる。熱力学には第一法則および第二法則という重要な法則があるが，ここでは熱力学の概念のうち，化学反応が自然に起こるか起こらないかをみる目安となる**自由エネルギー**（free energy, Gと略）について述べる。自由エネルギーは，この概念を導いたアメリカの化学者ギブズ（Josiah W. Gibbs, 1839-1903）の名前をつけて，**ギブズの自由エネルギー**ともいう。

1.　自由エネルギー

　物質Aは，状態と量に応じた自由エネルギーをもっているが，その総自由エネルギーを測定することはできない。しかし，AがBに変化した場合，両者の自由エネルギーの差（ΔG）を測定できる。生成物Bの自由エネルギーを G_B，出発物質Aの自由エネルギーを G_A とすると，ΔG は次のようになる。

$$\Delta G = G_B - G_A$$

　ΔG が負である場合，Aがもっている G が反応前より反応後のほうが低くなったことになり，反応後エネルギーが外へ出てきたことになる。反対に

ΔGが正の場合，反応が起こるようにするには，何らかのエネルギーを供給しなければならない．ΔG＝0の場合は，反応は平衡状態にある．以上をまとめると以下のようになる．

　　ΔG＜0：その反応は自発的に起こる．発エルゴン反応という．
　　ΔG＝0：その反応は平衡状態となる．
　　ΔG＞0：何らかの方法でエネルギーを供給しなければその反応は起
　　　　　　こらない．吸エルゴン反応という．

　ΔGが負であることと，その反応速度とは関係なく，反応速度を決めるのはその反応の**活性化エネルギー**である．活性化エネルギーとは，Aなる物質が反応を起こすために必要な最小限度の余分なエネルギーのことで，AがBになるには，エネルギーを得てA*という状態にならなければならない．活性化エネルギーが大きいと，反応はほとんど進まず，これを乗り越えるためにエネルギーを与えなければならない．触媒（酵素も触媒の一種で，生体に存在することから生体触媒と呼ばれる）とは，この活性化エネルギーを低くし，反応速度を大きくするはたらきをもつ．たとえば，グルコース（ブドウ糖）が，酸素によって酸化され，二酸化炭素と水になる反応では，ΔGは，$-2,872$ kJ（キロジュール，または-686 kcal）である．したがって，この反応は自発的に起こるはずであるが，グルコースを室温で何年間放置しても酸化されない．しかし，酵素（触媒）があれば，グルコースの酸化はすみやかに進む．通常生体内では，この酸化は数分または数時間で進行する．

2. ΔGの測定

　AからBへの変化においては，次の式が成立する．

$$\varDelta G = \varDelta G° + RT\ln\frac{[B]}{[A]}$$

　$\varDelta G°$は標準自由エネルギー変化，Rは気体定数，Tは絶対温度であり，$[A]$，$[B]$はそれぞれAおよびBのmol濃度を表す．したがって$\varDelta G$はAとBの濃度および$\varDelta G°$の値で決まる．AとBが単位濃度すなわち$[A]=$

$[B] = 1$ mol で存在するときは $\Delta G = \Delta G°$ となる。このように $\Delta G°$ は A と B が単位濃度で存在する標準状態のときの自由エネルギー変化である。標準状態とは，気体の場合なら 1 気圧，溶液ならば溶質の濃度が 1 mol の場合である。水素イオン H^+ ができたり，使われたりする反応では，pH = 0 のときを標準状態とするが，生体では pH = 0 というのはありえないので，適当な pH で測定して得られた $\Delta G°$ を $\Delta G'$ という。この場合は測定した pH を記載する。水素イオンが関与しない反応では，pH が変わっても $\Delta G°$ は変わらないので， $\Delta G° = \Delta G'$ である。

第 5 節　無機化合物と有機化合物

1. 無機化合物

炭素の化合物を有機化合物 (organic compound) といい，炭素の化合物以外の化合物を無機化合物 (inorganic compound) という。ただし，一酸化炭素 CO，二酸化炭素 CO_2，炭酸ナトリウム Na_2CO_3，炭酸水素ナトリウム（重曹）$NaHCO_3$，シアン化水素 HCN などは炭素を含むが，通常無機化合物に分類する。無機化合物は非常に種類が多いので，国際純粋および応用化学連合 (International Union of Pure and Applied Chemistry, 略称 IUPAC) は，1957 年無機化合物名の系統的な命名法に関して規約を設けた。無機化合物の名称には，しばしば「数」を表す「接頭語」が使われる（表 1-5）。

たとえば，一酸化炭素 CO は carbon monoxide, 二酸化炭素（炭酸ガス）CO_2 は carbon dioxide, 三塩化リン PCl_3 は phosphorus trichloride, 五酸化二リン P_2O_5 は diphosphorus pentaoxide, リン酸一水素二ナトリウム Na_2HPO_4 は, disodium monohydrogen phosphate と呼ばれ，数を表す接頭語が使われている。無機化合物の系統的命名法についての詳細は他書にゆずり，数を表す接頭語由来の単語で，日常よく使われているものを若干紹介しよう（表 1-6）。

表1-5 数を表す接頭語

1	モノ	mono	14	テトラデカ	tetradeca	
2	ジ	di	15	ペンタデカ	pentadeca	
3	トリ	tri	16	ヘキサデカ	hexadeca	
4	テトラ	tetra	17	ヘプタデカ	heptadeca	
5	ペンタ	penta	18	オクタデカ	octadeca	
6	ヘキサ	hexa	19	ノナデカ	nonadeca	
7	ヘプタ	hepta	20	(エ)イコサ	(e)icosa	
8	オクタ	octa	21	ヘンエイコサ	heneicosa	
9	ノナ	nona	22	ドコサ	docosa	
10	デカ	deca	23	トリコサ	tricosa	
11	ウンデカ, ヘンデカ	undeca, hendeca	30	トリアコンタ	triaconta	
12	ドデカ	dodeca	32	ドトリアコンタ	dotriaconta	
13	トリデカ	trideca	40	テトラコンタ	tetraconta	

			記号				記号
10^{-1}	デシ	deci	d	10	デカ	deca	da
10^{-2}	センチ	centi	c	10^2	ヘクト	hecto	h
10^{-3}	ミリ	milli	m	10^3	キロ	kilo	k
10^{-6}	マイクロ	micro	μ	10^6	メガ	mega	M
10^{-9}	ナノ	nano	n	10^9	ギガ	giga	G
10^{-12}	ピコ	pico	p	10^{12}	テラ	tera	T
10^{-15}	フェムト	femto	f	10^{15}	ペタ	peta	P
10^{-18}	アト	atto	a	10^{18}	エクサ	exa	E
10^{-21}	ゼプト	zepto	z	10^{21}	ゼタ	zetta	Z
10^{-24}	ヨクト	yocto	y	10^{24}	ヨタ	yotta	Y

表1-6 数を表す接頭語が使われている単語

数	接頭語	日常使われている単語
1	モノ (mono)	monopoly (独占〔企業〕), monogamy (一夫一妻婚)
2	ジ (di)	dichotomy (二分), dimer (二量体), duet, duplicate
3	トリ (tri)	triangle (三角形), Trinity (三位一体の神), trio (三重奏〔唱〕), tripod (三脚)
4	テトラ (tetra)	tetrapod (コンクリート製4脚ブロック, 護岸用), tetrahedron (四面体)
5	ペンタ (penta)	pentagon (五角形, 五稜郭), the Pentagon (アメリカ国防総省)
6	ヘキサ (hexa)	hexagon (六角形)
7	ヘプタ (hepta)	heptachord (7音音階)
8	オクタ (octa)	octopus (タコ), October (古代ローマの8番目の月), octet (八重奏〔唱〕)
9	ノナ (nona)	November (古代ローマの9番目の月)
10	デカ (deca)	decade (10年間), Decameron (デカメロン, 10日物語), December (古代ローマの10番目の月)
多	(poly)	polygamy (一夫多妻, 一妻多夫), polymer (重合体), polymorphism (多型〔形〕性), polysaccharide (多糖類)

2. 有機化合物

(1) 有機化合物とは

かつては，生物界から得られる，または生物を構成している物質群を有機化合物（organic compound）といい，有機化合物は生体（living organism）でしかつくれないと考えられていた。しかし，1828年ドイツの化学者ウェーラー（Friedrich Wöhler, 1800-1882）が，シアン酸アンモニウム（無機化合物）から尿素（有機化合物）を合成することに成功して以来（彼はこの反応をもちろん試験管内で行った），次々と有機化合物が実験室でつくられ，上記の考えは否定された。

$$NH_4OCN \xrightarrow{加熱} H_2N-CO-NH_2$$

シアン酸アンモニウム　　　尿素

現在では，炭素を含む化合物を総称して有機化合物という。先に述べたように一酸化炭素，二酸化炭素，炭酸塩，シアン化合物は無機化合物として取り扱う。

有機化合物はさらに，以下のように分類される。

① 炭素Cと水素Hの2元素から成るもの。例：メタン CH_4，プロパン C_3H_8，ベンゼン C_6H_6

② 炭素C，水素H，酸素O，または 炭素C，水素H，窒素Nの3元素から成るもの。例：エチルアルコール（お酒の成分）CH_3CH_2OH，ジエチルエーテル（麻酔性あり）$C_2H_5OC_2H_5$，メチルアミン（魚臭の成分）CH_3NH_2，アニリン（合成染料の原料）$C_6H_5NH_2$

③ C, H, O, Nの4元素から成るもの。例：グリシン H_2NCH_2COOH（もっとも簡単な構造のアミノ酸），タンパク質，酵素

④ 上記の元素のほかに，さらにイオウS，リンP，塩素Cl，ヨウ素I等を含むもの。例：メチオニン（アミノ酸），アデノシン三リン酸（ATP）

(2) 鏡像異性体と光学異性体

炭素原子は4個の最外殻電子（価電子）をもつので，すべて単結合の場合，4本の共有結合は炭素原子を中心とする正四面体の頂点に向かう構造をとる（図1-5）。そのため，すべて単結合の炭素化合物は平面構造ではなく，立体構造をとる。炭素原子に結合している<u>4つの原子または原子団がすべて異なるとき</u>，その炭素を**不斉炭素原子**（assymmetric carbon）という。不斉炭素原子を中心にして分子模型を考えると，どのように回転させても互いに重ね合わせることができない2種類の異性体*（isomer）が存在する。このような化合物を**鏡像異性体**（enantiomer）という（図1-6）。この2つの化合物は，いわば互いに実像と鏡像の関係にある。たとえていうと，われわれの右手と左手のような関係である。

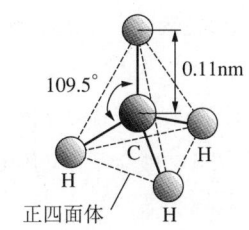

図1-5　炭素原子の結合模型

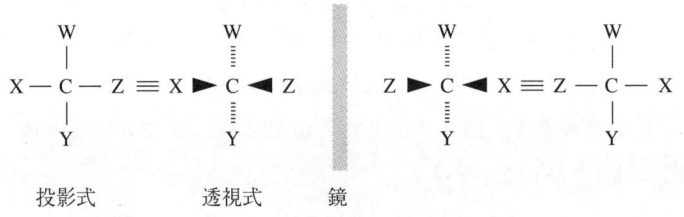

　　投影式　　　透視式　　鏡

図1-6　炭素化合物の鏡像異性体

---

* 異性体：分子式は同じでも構造が異なる化合物を互いに異性体という。たとえば，C_2H_6O の分子式をもつ化合物には，CH_3-CH_2-OH（エチルアルコール）と CH_3-O-CH_3（ジメチルエーテル）の2種類の異性体がある。

鏡像異性体では，鏡像異性体に偏光（一つの平面だけでのみ振動する光）を通すと，平面偏光の偏光面が鏡像異性体によって互いに逆向きに回転する。このように平面偏光の偏光面を回転させる性質を**旋光性**という。光源に面して，偏光面を時計回りの方向に回転させる場合を**右旋性**（dextro rotation），反時計回りに回転させる場合を**左旋性**（levo rotation）という。右旋性の異性体には記号（＋）を，左旋性の異性体には記号（－）をつける。このように鏡像異性体は旋光性をもつので，**光学異性体**（optical isomer）とも呼ばれる。鏡像異性体（光学異性体）は旋光性が異なるだけで，その他の物理学的および化学的性質は同じである。

　光学異性体を表すとき，化合物の名称の前に，DまたはLをつけて，D-体，L-体と呼ぶ。D-体およびL-体は，図1-7に示すグリセルアルデヒドを標準化合物としている。すなわち，グリセルアルデヒドのCH_2OHのすぐ上にある「C」のOH基の位置が右に出ているのが**D系列**，左に出ている**L系列**である。

　このグリセルアルデヒドは，一般に糖質の立体配置を述べるときの標準物質であるが，ヒドロキシ酸やアミノ酸などの立体配置を決める場合にも用いられる（図1-8）。

　天然に存在する光学異性体は，D-体かL-体の一方のみである。たとえば，グルコース（ブドウ糖）やリボースなどの糖質はすべてD-体であり，アミノ酸のほとんどはL-体である。D-体とL-体では，味，におい，薬理活性などがまったく異なる場合が多い。化学調味料として用いられている味の素（商品名）はL-グルタミン酸のナトリウム塩であり，D-グルタミン酸のナトリウム塩にはうま味はない。

$$
\begin{array}{c}
{}^1\text{CHO} \\
| \\
\text{H}—{}^2\text{C}—\text{OH} \\
| \\
{}^3\text{CH}_2—\text{OH}
\end{array}
\equiv
\begin{array}{c}
\text{CHO} \\
\vdots \\
\text{H} \blacktriangleright \text{C} \blacktriangleleft \text{OH} \\
| \\
\text{CH}_2—\text{OH}
\end{array}
\qquad
\begin{array}{c}
{}^1\text{CHO} \\
| \\
\text{HO}—{}^2\text{C}—\text{H} \\
| \\
{}^3\text{CH}_2—\text{OH}
\end{array}
\equiv
\begin{array}{c}
{}^1\text{CHO} \\
\vdots \\
\text{HO} \blacktriangleright \text{C} \blacktriangleleft \text{H} \\
| \\
\text{CH}_2—\text{OH}
\end{array}
$$

　　　　D(+)-グリセルアルデヒド　　　　　　　　L(−)-グリセルアルデヒド

図1-7 グリセルアルデヒドの光学異性体

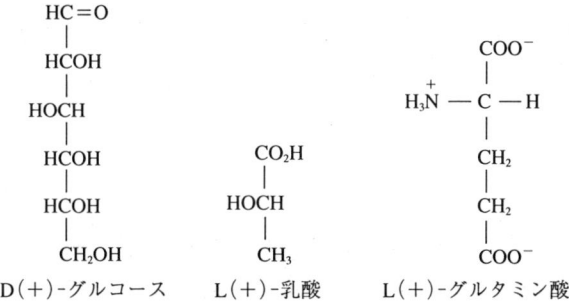

　D(+)-グルコース　　　L(+)-乳酸　　　L(+)-グルタミン酸

図1-8 糖，ヒドロキシ酸およびアミノ酸の光学異性体

第2章

生体物質の化学

　生体を構成している物質は**タンパク質**，**糖質**，**脂質**，**核酸**などであるが，これらの物質は非常に種類が多く，その機能（はたらき）も多種多様である。ここでは，生体物質の代表であるこれら4種類の物質の構造と機能について述べるとともに，これらの物質に関する最新のトピックスについても紹介したい。

第1節　生物のはたらき手：タンパク質の化学

1. タンパク質はアミノ酸のポリマー

　タンパク質 (protein, ギリシア語の"第一のもの〔prōteios〕"に由来) は生物の構成成分として重要であるばかりでなく，触媒，輸送，伝達，運動（収縮），栄養，生体防御など多くの機能をもつアミノ酸のポリマー（重合体）である。通常炭素，水素，酸素および窒素から成るが，硫黄，リンなどを含むタンパク質もある。

　(1) **アミノ酸** (amino acid)

　アミノ基（$-NH_2$）とカルボキシル基（$-COOH$）をもつ化合物をアミノ酸といい，カルボキシル基の隣の炭素（α-炭素）にアミノ基がついているものをα-アミノ酸という（図2-1）。

$$\begin{array}{c} COOH \\ | \\ H_2N-C-H \\ | \\ R \end{array}$$

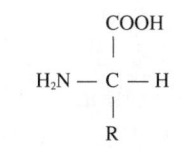

図 2-1　α-アミノ酸の一般構造。Rは20種類

表 2-1 タンパク質を構成するアミノ酸の種類

名　称	(中性アミノ酸) グリシン	アラニン	フェニルアラニン*
三文字表記 一文字表記	Gly G	Ala A	Phe F
構　造　式	$\begin{array}{c} COO^- \\ H_3\overset{+}{N}-C-H \\ H \end{array}$	$\begin{array}{c} COO^- \\ H_3\overset{+}{N}-C-H \\ CH_3 \end{array}$	$\begin{array}{c} COO^- \\ H_3\overset{+}{N}-C-H \\ CH_2 \\ C_6H_5 \end{array}$

	チロシン	バリン*	ロイシン*	イソロイシン*
	Tyr Y	Val V	Leu L	Ile I
	$\begin{array}{c} COO^- \\ H_3\overset{+}{N}-C-H \\ CH_2 \\ C_6H_4 \\ OH \end{array}$	$\begin{array}{c} COO^- \\ H_3\overset{+}{N}-C-H \\ CH \\ H_3C\ CH_3 \end{array}$	$\begin{array}{c} COO^- \\ H_3\overset{+}{N}-C-H \\ CH_2 \\ CH \\ H_3C\ CH_3 \end{array}$	$\begin{array}{c} COO^- \\ H_3\overset{+}{N}-C-H \\ H_3C-CH \\ CH_2 \\ CH_3 \end{array}$

	セリン	トレオニン*	メチオニン*	システイン
	Ser S	Thr T	Met M	Cys C
	$\begin{array}{c} COO^- \\ H_3\overset{+}{N}-C-H \\ CH_2OH \end{array}$	$\begin{array}{c} COO^- \\ H_3\overset{+}{N}-C-H \\ HCOH \\ CH_3 \end{array}$	$\begin{array}{c} COO^- \\ H_3\overset{+}{N}-C-H \\ CH_2 \\ CH_2 \\ S \\ CH_3 \end{array}$	$\begin{array}{c} COO^- \\ H_3\overset{+}{N}-C-H \\ CH_2 \\ SH \end{array}$

プロリン	トリプトファン*	アスパラギン	グルタミン
Pro P 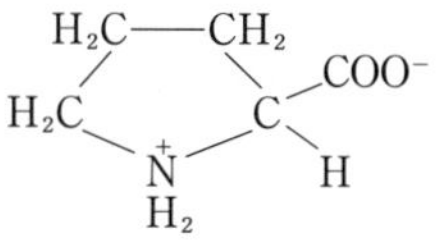	Trp W 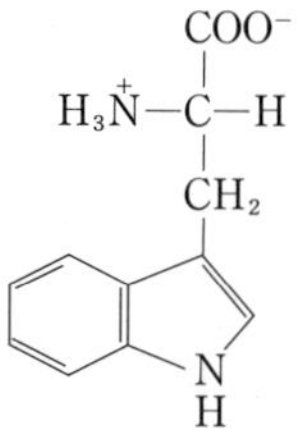	Asn N 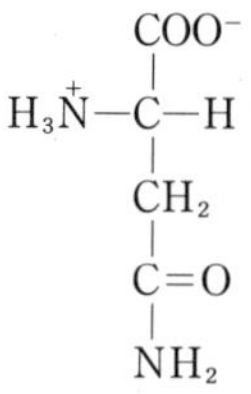	Gln Q 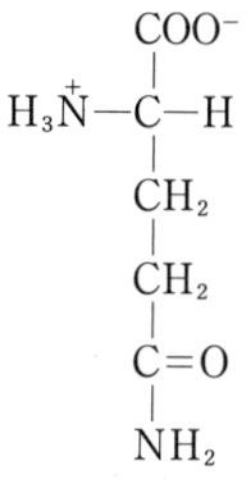

(酸性アミノ酸)

アスパラギン酸	グルタミン酸
Asp D 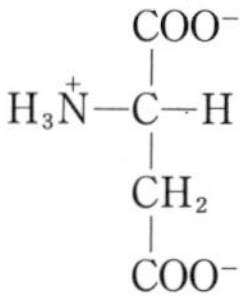	Glu E 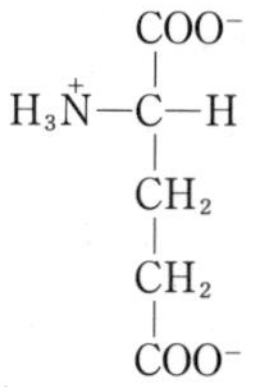

(塩基性アミノ酸)

リシ(ジ)ン*	アルギニン	ヒスチジン
Lys K 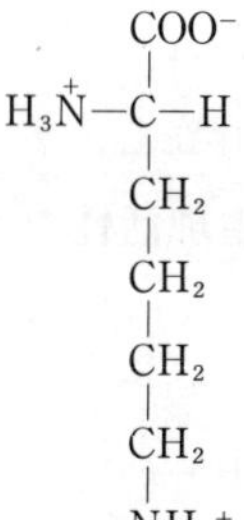	Arg R 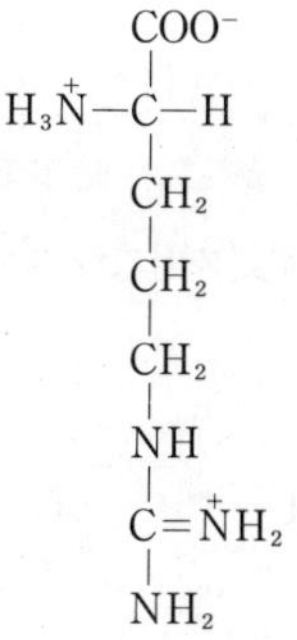	His H 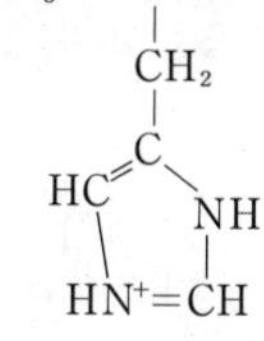

* 人の必須アミノ酸

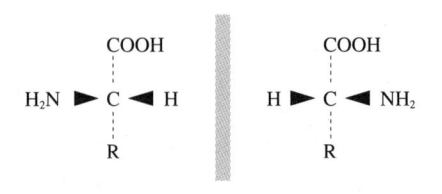

```
        COOH           COOH
         |              |
H₂N ▶ C ◀ H    H ▶ C ◀ NH₂
         |              |
         R              R

    L-アミノ酸   鏡面   D-アミノ酸
```

図 2-2　L- および D-アミノ酸の立体構造

　タンパク質中のアミノ酸は，イミノ酸であるプロリンを除いてすべて α-アミノ酸であり，20種類のアミノ酸が知られている（表2-1）。アミノ酸は生理的 pH の範囲では，カルボキシル基もアミノ基も完全にイオン型になっている。グリシンを除き，α-炭素は不斉炭素となるのでアミノ酸には光学異性体が存在し，天然のアミノ酸のほとんどはL型である（図2-2）。しかし，非タンパク質性アミノ酸もみいだされており，たとえば，細菌由来の環状ペプチドや細菌の細胞壁のペプチドグリカンにはD-アミノ酸が，ビタミンの一種であるパントテン酸，補酵素A，アシルキャリアプロティンには β-アラニンが含まれている。

(2) **ペプチド (peptide) およびタンパク質**

　アミノ酸のカルボキシル基と他のアミノ酸のアミノ基が脱水縮合したものをペプチドという（-CONH-結合をペプチド結合という）。一般にアミノ酸が50個以下結合したものをペプチド，50以上のアミノ酸が結合したものをタンパク質というが（図2-3），これらの区別は厳密なものでない。ペプチドまたはタンパク質に取り込まれたアミノ酸は，脱水された形で存在し，アミノ酸残基と呼ばれる。ホルモン作用，毒作用などいろいろな生理活性をもつ

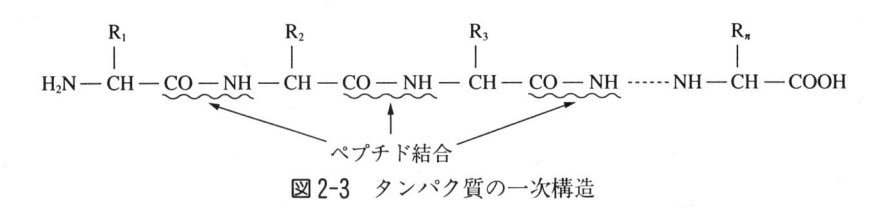

```
      R₁              R₂              R₃                      Rₙ
      |               |               |                       |
H₂N—CH—CO—NH—CH—CO—NH—CH—CO—NH ······ NH—CH—COOH
            ～～～          ↑        ～～～
                        ペプチド結合
```

図 2-3　タンパク質の一次構造

1,000種類以上のペプチドが知られており，たとえば，オキシトシン（アミノ酸残基数：9個，子宮筋収縮作用），マストパラン（14個，アシナガバチ，スズメバチの毒），セクレチン（27個，消化管ホルモン，胃酸分泌抑制作用），ノキシウストキシン（34個，サソリの毒），副腎皮質刺激ホルモン（39個，副腎機能促進作用）等がある。タンパク質はアミノ酸が鎖状に結合した高分子であり，その鎖状構造をポリペプチド鎖という。タンパク質の分子量は数千から数百万である。

2. タンパク質の構造と種類

(1) タンパク質の構造

タンパク質は，複雑な構造をした高分子であり，その構造は次の4つに分けられる。

1) 一次構造：図2-3に示したように，一次構造は，ポリペプチド鎖のアミノ酸配列を指し，どんなアミノ酸がどんな順序で結合しているかをいう。

2) 二次構造：ポリペプチド鎖の折れ曲がり状態，すなわち部分的立体構造をいう。二次構造には，α-ヘリックスやβ-構造などがある。

3) 三次構造：ポリペプチド鎖上の比較的離れたアミノ酸残基同士の相互作用によってつくられる三次元構造をいう。この言葉は，主として球状タンパク質に使われる。

4) 四次構造：タンパク質の中には，サブユニットと呼ばれるポリペプチド鎖が2本以上結合しているものがあり，このサブユニットの立体的配置を四次構造という。このようなタンパク質のサブユニットをプロトマーともいう。プロトマーが集まって，オリゴマータンパク質ができる。なお，二次構造から四次構造を総称して，高次構造という。

(2) タンパク質の種類

タンパク質は構造上，繊維状タンパク質と球状タンパク質に分けられる。

1) 繊維状タンパク質

一般に不溶性の動物タンパク質で，動物の構造維持の役割をもっており，

われわれに身近なものが多い。

- i) ケラチン：皮膚，毛，爪，羊毛，羽などを構成する。シスチンの形で多量の硫黄を含む。
- ii) コラーゲン：生体内にもっとも多く含まれるタンパク質で（全タンパク質の約 30 %），皮膚，軟骨，腱などに存在する。水で煮沸すると可溶性タンパク質であるゼラチンに変わる。
- iii) エラスチン：皮膚，腱，動脈など弾性組織に存在し，弾力性をもたせる。
- iv) ミオシン，アクチン，トロポミオシン，トロポニン，コネクチン：筋肉を構成する。これらのタンパク質は筋肉以外の組織にもみられる。
- v) フィブロイン：絹糸を構成する主要タンパク質である。昆虫やクモも分泌する。

2) 球状タンパク質

一般に，水および塩，酸，アルカリなどを含む水溶液に可溶である。多種多様の機能をもち，生体において重要な役割を果たす。いくつかの例を以下に示す。

- i) ヘモグロビン，ミオグロビン：ヘモグロビンは赤血球に含まれ，酸素を運搬する。ミオグロビンは筋肉に含まれ，酸素の貯蔵体として機能している。
- ii) 酵素：生体触媒とも呼ばれ，少なくとも生物 1 個体中には，1,000 種類以上の異なる酵素が存在するといわれる。
- iii) アルブミン：水に溶けやすく，熱によって凝固する。血清アルブミン，卵（白）アルブミンなどがある。血清アルブミンは，血管の浸透圧調節のほかに脂肪酸，薬物などの運搬の役割ももつ。
- iv) グロブリン：α-，β-および γ-グロブリンなどがある。免疫グロブリンは γ-グロブリンに属し，生体防御に関与する。
- v) ヒストン：塩基性アミノ酸を多く含み，核内の DNA と複合体を形成する。

vi) インスリン：インシュリンともいう。膵臓から分泌されるホルモンで，51個のアミノ酸残基から成る。体細胞への糖（グルコース）の取り込みを促進する。糖のみならず脂質やタンパク質の代謝も調節し，脂肪酸合成やタンパク質の同化などを増加させる。インスリンの絶対的あるいは相対的欠乏は糖尿病を引き起こす。

3. 生体の中の巧みな生物機械：酵素（enzyme）

それ自身は何の変化も受けずに，化学反応を速めるはたらきをする物質を触媒というが，生命現象を営むためのほとんどの化学反応が酵素によって触媒されているので，酵素（enzyme）は「生体触媒」と呼ばれ，生体にとっては欠くことのできないものである。現在，生体から2,000種類以上の酵素が精製され，その性質がある程度調べられている。身近な酵素としては，食物を消化する消化酵素群（アミラーゼ，ペプシン，トリプシン，リパーゼなど）や卵白に含まれるリゾチーム（細菌細胞壁のムコペプチドなどを加水分解する）が知られている。酵素は次のような特徴をもつ巧みな能率のよい生物機械である。

① 温度に対して敏感で，一般に40℃前後でもっとも効率よく作用する。0℃以下では触媒作用は低下し，50℃以上では熱による酵素の変性が起こる（熱変性）。

② pH（水素イオン濃度）の変化に対しても微妙に影響を受け，限られたpH範囲でその活性が高まり，活性がもっとも高いpHを最適（至適）pHという。多くの酵素の最適pHは中性付近であるが，ペプシンのように酸性領域（pH 1.8），キモトリプシンのように弱アルカリ性領域（pH 8.0）に最適pHをもつ酵素もある。

③ 酵素の作用を受ける物質を「基質」というが，一つの酵素は一定の基質にしかはたらかない（図2-4）。これを酵素の基質特異性といい，「鍵と鍵穴」の関係にたとえられる。たとえば，デンプンを分解するアミラーゼはタンパク質を分解しない。

④ 酵素活性は金属イオン，阻害剤（酵素反応を阻止する物質）などの影響を

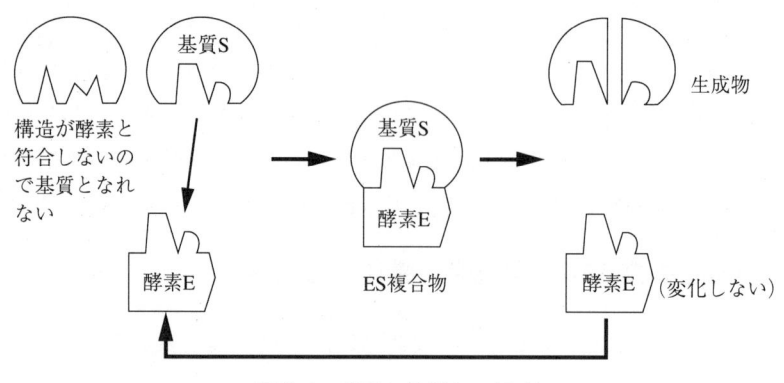

図2-4 酵素と基質との反応

受ける。

4. 体の中の運送屋：運搬タンパク質

高等動物では，血液やリンパによって酸素，栄養物および老廃物が運搬され，ヘモグロビン，アルブミン，リポタンパク質（タンパク質と脂質の複合体）などのタンパク質がその役目を担っている。なかでもヘモグロビンは生物に必要な酸素を運搬し（血液1lあたり約200 mlの酸素を運ぶ），その構造と機能は古くから調べられてきた。ここではヘモグロビンの構造，性質，異常ヘモグロビンおよびそれに起因する病気について述べる。

(1) ヘモグロビン (hemoglobin, Hb) の構造

ヘモグロビン (Hb) は赤血球中（ヒト赤血球の数：男，400～560万/mm^3〔血液〕；女，370～500万/mm^3〔血液〕）に含まれ，ヒト血液中のHbの量は，約150 g/lである。Hbは，141個のアミノ酸残基から成るα鎖2本（α鎖プロトマー2個）と146個のアミノ酸残基から成るβ鎖2本（β鎖プロトマー2個）のポリペプチド鎖から構成されている4量体タンパク質（$\alpha_2\beta_2$と記載される）である（図2-5(a)）。Hbを構成している各プロトマーは，その中心部分にヘム（図2-5(b)）という補欠分子族（ポリフィリンと鉄との錯体）をもち（Hbのタンパク質部分はグロビンと呼ばれる），このヘム鉄に酸素が結合する（図2-5(c)）。したが

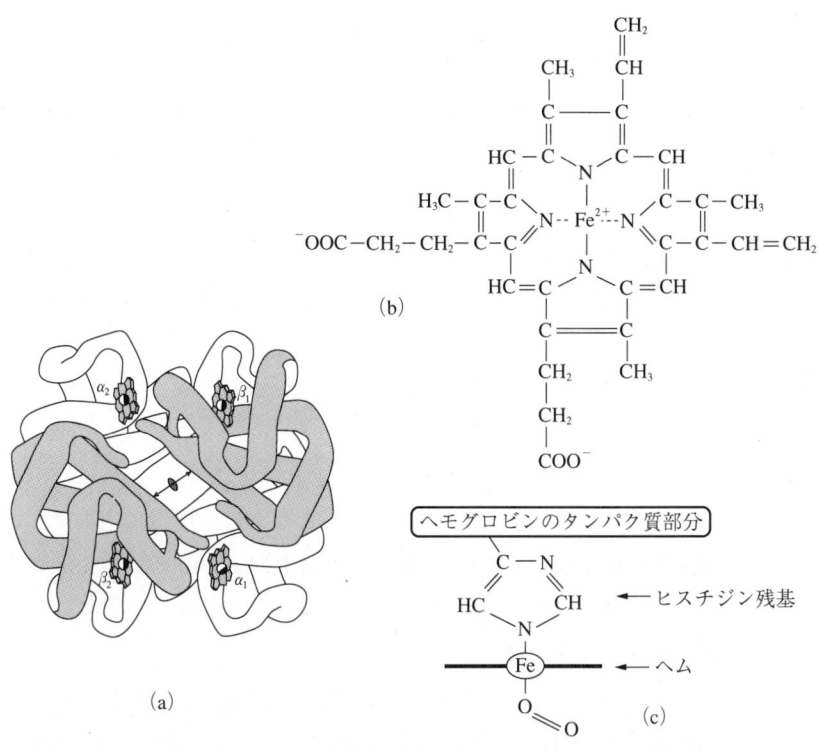

(a) ヘモグロビンの四次構造 (b) ヘムの構造 (c) ヘムと酸素の結合の模式図
図2-5 ヘモグロビンとヘムの構造およびヘムへの酸素の結合

って，Hb 1分子は4分子の酸素を運搬することができる。ヘムは赤色を示すので，血液が赤いのはこのためである。

(2) Hbの性質

図2-6はHbおよびミオグロビンと酸素の結合曲線であるが，酸素分圧の低い末梢組織（〜20 mm Hg）ではHbは大量の酸素を放出し，肺（〜100 mm Hg）では最大量の酸素を結合するという生体にとって有利な性質をもっている。すなわち，Hbの4量体間で次の情報交換が行われるためである。肺などにおいてプロトマーの一つに酸素が結合すると，残りのプロトマーに対する酸素の親和性が増し，効率よく酸素を結合する。一方，末梢組織におい

ては，プロトマーの一つから酸素が離れると，残りのプロトマーに対する酸素の親和性が減少し，一気に酸素を放出する。Hbは酸素の運搬のほかに，二酸化炭素の輸送にも関わっている。ミオグロビン（Mb）は通常動物の筋肉組織中に存在するタンパク質で，Hbと同じくヘムを含むが，単量体タンパク質である。Mbは，酸素の貯蔵をしたり，酸素が拡散するのを助ける。Mbは50％飽和するのにかなり低い

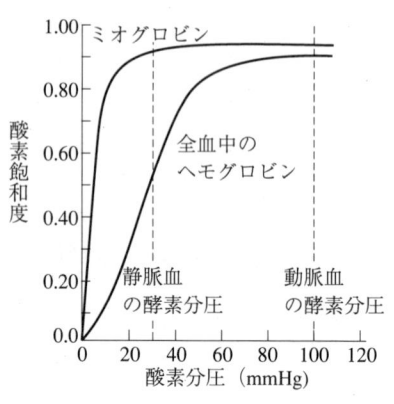

図2-6 ヘモグロビンおよびミオグロビンの酸素結合曲線

酸素圧でよいので，Hbから酸素を奪い取り，たとえば筋肉組織内のミトコンドリアに酸素を運ぶ役割をもつ。Mbは，酸素圧4〜5 mmHgのミトコンドリアで効率よく酸素を放出する。

(3) 異常ヘモグロビンと病態

正常ヘモグロビン（HbA）と異なる構造をもつHbを異常Hbと呼び，現在500近い異常Hbが知られているが，そのほとんどがα鎖またはβ鎖のアミノ酸が一つだけHbAと異なるものである。たとえば，HbM $_{Iwate}$は，α鎖の87番目のアミノ酸であるヒスチジンがチロシンに置き換わっており，皮膚が青みを帯び，チアノーゼ（紫藍病）となる（この病気は日本の東北地方では"黒口"といわれ，昔から知られていた）。ここでは鎌状赤血球貧血（sickle cell anemia）の原因である鎌状赤血球ヘモグロビン（HbS）と抗マラリア性について述べる。

1) 鎌状赤血球ヘモグロビン（HbS）

1949年，アメリカの化学者ポーリング（Linus C. Pauling, 1901-1994, 1954年ノーベル化学賞単独受賞，1962年ノーベル平和賞単独受賞）とその共同研究者は，HbAのβ鎖の6番目のアミノ酸であるグルタミン酸がHbSではバリンに置き換わっていることを明らかにし，鎌状赤血球貧血はHbの変異による分

　　　　（a）　　　　　　　　　　　（b）

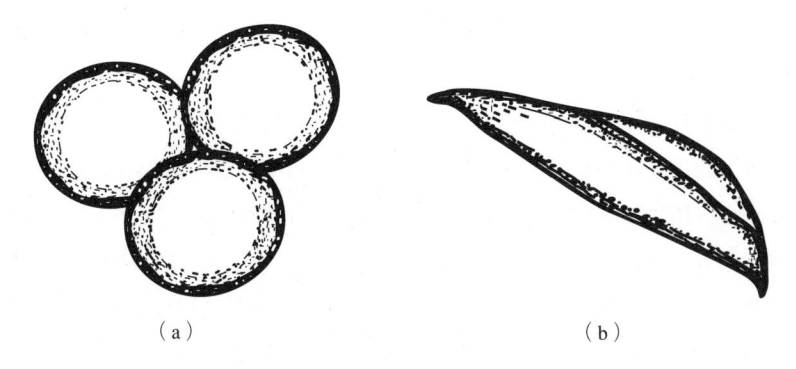

　　　図 2-7　正常赤血球(a)と鎌状赤血球(b)

子病の最初の例として注目をあびた．この病気はアメリカの黒人に多くみられた．正常な赤血球は球状であるが（図2-7(a)），この病気では，酸素濃度の低い毛細血管において，赤血球中のHbSは長い繊維状の沈殿物を形成するので赤血球は鎌状となる（図2-7(b)）．

　ホモ接合体*の人（ほとんどHbSしかもたない貧血患者．アメリカの黒人の0.4％）では，溶血（赤血球の破壊）が高頻度で起こり，また鎌状赤血球は毛細血管をつまらせるので，組織へ酸素が運搬されなくなる．その結果ホモ接合体の重症患者は苦痛を伴い衰弱し，ときには死に至る．HbSのヘテロ接合体*の人（HbSを約半分もっており，アメリカ黒人の約10％およびアフリカ黒人の25％）は極端に低酸素状態でない限り，鎌状赤血球貧血の症状を示さない．

　2）　抗マラリア性

　マラリア（malaria）は，紀元1世紀にイタリア人のトルッティが悪い空気（mal-aire）という意味で使ったことが語源である．マラリアはマラリア原虫（*Plasmodium faciparum*，原生動物の一種）によって起こる病気で，赤道アフリカやその他のマラリア流行地域では主な死亡原因の一つであり，蚊（ハマダラカ）によって媒介される．ヒトの体内に入った原虫は赤血球に寄生し，増殖

---

* 1対の同一染色体に，特定遺伝子を1個ずつもつ生物をホモ接合体（同型接合体）といい，1個しかもたない生物をヘテロ接合体（異型接合体）という．

する。ヘテロ接合体の人に原虫が寄生すると赤血球内のpHが下がり，毛細血管において多くの赤血球が鎌状化し，これとともに赤血球内のカリウムイオン濃度が低くなる。低いカリウムイオン下では原虫は生育できず，死滅する。さらに鎌状化した赤血球は溶血しやすく脾臓で分解されるので，このとき原虫も一緒に除かれる。このようにヘテロ接合体の人は，マラリアに対し抵抗性をもつ。ホモ接合体の人は貧血を起こすなどHbSは人にとって不利な面をもつにもかかわらず，マラリア流行地では有利にはたらき，自然淘汰されることから免れているという事実は，生物の進化を考えるうえでも興味深い。マラリアの治療薬として，キニーネ，クロロキン，メフロキンなどが用いられてきたが，最近これらの治療薬に耐性をもつマラリア原虫が出現し，新たな治療薬の開発が行われている。

5. 生体を守るミクロの戦士：免疫グロブリン

人や動物などの生体には，生体内へ異物（自己と異なるもの：非自己）が侵入した場合にそれを排除して生体（自己）を守る機構が存在する。異物にはいろいろなものがあり，細菌，原虫，ウイルスなどの微生物，微生物が産生する毒素や成分の異なる動物の細胞など高分子物質の生体への侵入に対し，生体を守るのは免疫のはたらきである。免疫のはたらきとしてはこのほかに，がん細胞や移植された異質な細胞や器官を取り除くはたらきが知られており免疫は生体の全体性を維持するのに役立っている。一方，生体に侵入した低分子の異物は，主としてシ（チ）トクロムP-450を含む酵素系と抱合酵素系が排除する（第3章第3節参照）。ここでは免疫機構の主役である免疫グロブリン（immunogloblin, Ig）について述べる。

(1) Igの種類

Ig（抗体ともいう）は白血球の一種であるBリンパ球（B細胞ともいう）が産生する糖を含むタンパク質であり，5種類のIgが知られている（表2-2）。図2-8はIgGの分子模型図であるが，IgGは約215個のアミノ酸から成る短鎖（L鎖）2本と，約500個のアミノ酸から成る長鎖（H鎖）2本の合計4本のポ

表 2-2 免疫グロブリンの種類と性状

免疫グロブリンの種類	およその分子量	血清中の濃度 (mg/100ml)	主な生体内作用
IgG	150,000	600〜1800	抗ウイルス活性，抗菌溶融性
IgA	170,000〜720,000	90〜420	抗ウイルス活性
IgD	160,000	0.3〜40	B細胞の分化抗原記憶
IgE	190,000	0.01〜0.10	アレルギー反応
IgM	950,000	50〜190	抗菌溶融性，赤血球凝集

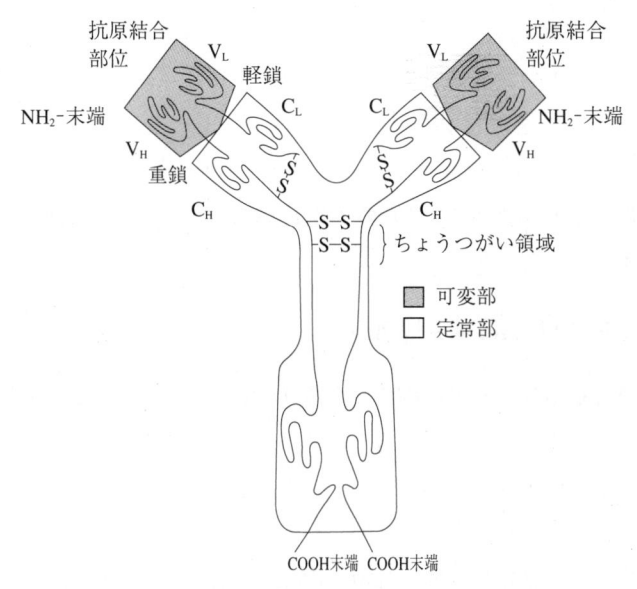

図 2-8 免疫グロブリンG (IgG) 分子模型図

リペプチド鎖から構成され，Y字型をしている。L鎖およびH鎖はそれぞれ，アミノ酸配列が変わる部分（可変部という。V_LおよびV_H）とアミノ酸配列が変わらない部分（定常部という。C_LおよびC_H）をもち，抗原（抗体産生を引き起こす物質をいう。前述の細菌，ウイルス，毒素タンパク質や多糖などが抗原となる）結合部位はV_L-V_Hである。このように同じ種類の抗体でもアミノ酸配列は

同じではなく，抗原と結合する部分は大きく変化する（抗体の多様性）。

(2) Ig の機能

抗原が生体に侵入すると，それぞれの成分に特異的に反応する Ig が産生される。一般に，初期免疫応答では，IgM が生産され，後期応答では IgG が生産される。Ig は，抗原と結合し「抗原/抗体複合体」が形成される。この複合体は食細胞（多形核白血球，マクロファージ，単球）に付着して貪食され，生体に侵入した細菌やウイルスは破壊される。抗原/抗体複合体に補体（タンパク質の一種）が結合すると，食細胞の作用を受けやすくなるので，補体は免疫反応では重要な役割を果たしている。様々な微生物の侵入に対してわれわれが抵抗力をもち，健康でいられるのは，先に述べた抗体の多様性による。マサチューセッツ工科大学の利根川進（1939- ）は，この抗体の多様性を分子生物学の手法を用いて解明し，1987 年ノーベル医学生理学賞を単独受賞した。人間は少なくとも 1×10^6 個の異なる抗体をつくることができるといわれている。

6. 狂牛病を引き起こすプリオン

通常感染性病原体としては細菌，真菌（カビ），ウイルス，原生動物などが知られており，これらの生物は宿主に感染を確立するために必ずデオキシリボ核酸（DNA）やリボ核酸（RNA）から成る遺伝物質をもっている。これらの病原体は，宿主に侵入したあとは，DNA や RNA の指令のもとに各病原体に必要なタンパク質を合成して宿主内で増殖し，感染が成立する。しかし，1980 年代にカリフォルニア大学のプルジナー（Stanley B. Prusiner, 1942- ）は，ヒツジのスクレイピー病やヒトのクロイツフェルト・ヤコブ病が，タンパク質性物質によって引き起こされることを提唱し，その物質を「タンパク質性感染粒子 (proteinaceous infectious particle)，またはプリオン (prion, ~on は粒子の意)」と呼んだ。プリオンは, scrapie-associated fibrils (SAF) ともいわれ，その本体はプリオンタンパク質 (prion protein, PrP) である。タンパク質が感染性病原体になる例はこれまで知られていなかったの

で，この後激しい論争があったが，多くの実験および臨床データによって，プリオンが感染性海綿脳症を引き起こす物質であることが証明され，細菌，真菌（カビ），ウイルス，原生動物など以外のものによっても感染性疾患が起こることがはじめて立証された。プルジナーはこの発見により，1997年ノーベル医学生理学賞を単独受賞した。ここではプリオンの構造，性質および狂牛病について述べてみよう。

(1) **プリオンの構造と性質**

ヒト感染性海綿状脳症の原因となるプリオンは，253個のアミノ酸残基から成る細長い繊維状物質で，脳，脊髄，内臓などに蓄積する。プリオンは一般のタンパク質と異なり，加熱，紫外線照射，タンパク質分解酵素などの物理化学的処理に抵抗し，ヨードホルムやホルムアルデヒドのような化学薬品中でも長い間その病原性は失われない。

(2) **プリオンと狂牛病**

プリオンは正常組織にも存在し，それは細胞性プリオン (cellular prion protein, PrP^c) と呼ばれるが，病原性プリオン (scrapie prion protein, PrP^{sc}) と PrP^c は一次構造が同じであるものの，高次構造が異なる。PrP^{sc} が正常組織に侵入して PrP^c に接触すると，プロティンXというタンパク質を介して PrP^c の高次構造が変化し（PrP^c 中の α-ヘリックスが β-シートに変わる），不溶性の PrP^{sc} が次々と生じる。PrP^{sc} は神経細胞を破壊し，脳組織の海綿状の病変を特徴とする海綿状脳症を引き起こす。プリオンによって引き起こされる病気（プリオン病）には様々な種類があり，ヒツジやヤギにみられるスクレイピー病，北米産のシカやエルクの慢性消耗症，**ウシ海綿状脳症** (Bovine Spongiform Encephalopathy, **BSE**)，パプアニューギニアの高地民にみられるクールー病，世界中で発生しているクロイツフェルト・ヤコブ病 (Creuzfeldt-Jakob Disease, **CJD**)，ゲルマン・ストロイヤー・シャインカー病などが知られている。

中でも，1986年イギリスで発生したウシ海綿状脳症（BSE）は，通称狂牛病 (Mad Cow Disease) とも呼ばれ，ヨーロッパ中で流行し，イギリスでは18万頭以上のウシが感染した。これは，スクレイピー病に感染していたヒツジ

の肉や骨がウシの飼料に使われたため，病原性プリオンがウシに侵入して引き起こしたためとされている。このためイギリスでは，1988年ウシの飼料への肉骨粉（ヒツジやウシのくず肉，内臓，骨からつくられる）の使用を禁止し，さらに1996年すべての家畜への肉骨粉の使用を禁止したが，日本では肉骨粉を牛の飼料にしないようにという行政指導のみで，使用禁止が徹底されなかった。日本では1996年以降も狂牛病発生のヨーロッパの国々から肉骨粉が輸入され，使用されていたので，2001年9月に狂牛病の第1号が確認された。その後数頭発生し，現在対策に追われている。狂牛病に感染したウシの肉を食べると，ヒトへも感染する可能性があり，それはすでに知られているクロイツフェルト・ヤコブ病とは違う「変異型クロイツフェルト・ヤコブ病」と呼ばれ，1996年イギリスでこの新型のクロイツフェルト・ヤコブ病が公表されて，パニックとなった。一方，脳外科の手術の後で欠損部を治療するためにヒトの硬膜が使われていたが，これによって日本を含む世界中の国々でクロイツフェルト・ヤコブ病が発生した（日本では約30症例）。さらに角膜移植や成長ホルモンの注射など臓器移植，臓器製剤によるプリオン病の発生が報告されており，プリオン病への対策を立てることが必要である。

第2節　甘いもの：糖質の化学

1.　糖質の種類と構造

　糖質（glucide, sugar）は，炭水化物（carbohydrate）とも呼ばれ，炭素の水和物（$C_m(H_2O)_n$）という意味であったが，必ずしもこの式にあてはまらないものもある。糖質は単糖類，二糖類，多糖類に分類される。
　(1)　単　糖　類
　単糖類の代表はグルコース（ブドウ糖，glucose）で，天然に存在するものはD-グルコース（D-グリセルアルデヒドを標準にした呼び方）である。図2-9に示されるように，D-グルコースのほとんどは，α型およびβ型の2種類の環

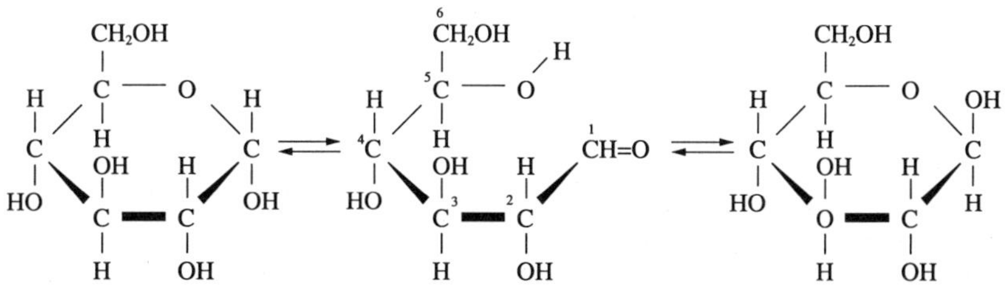

α-D(+)-グルコース　　開環鎖状構造　　β-D(+)-グルコース

＊これ以降の環式化合物はCの省略したものである。

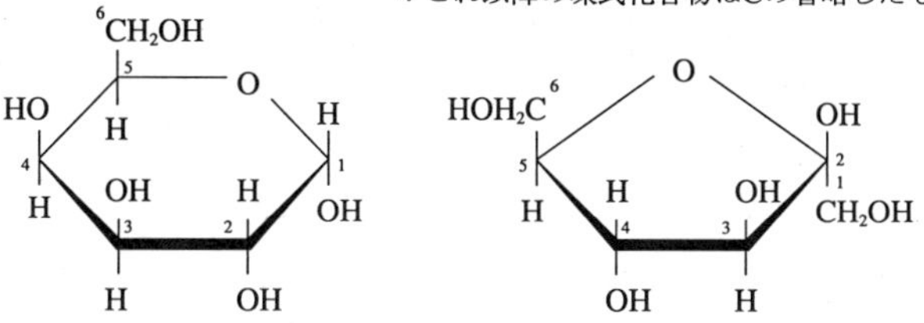

α-D-ガラクトース　　β-D-フルクトース

図2-9　D-グルコース，ガラクトースおよびフルクトースの構造

状構造（ピラノース型）をとり，開環構造はきわめて少ない。溶液中では両者は開環構造を経て相互に変換し，平衡に達する（一般にα型：β型＝2：3)。このほかに，ガラクトース，フルクトース（果糖)，マンノース，リボースなどが単糖類に属する（図2-9)。最近虫歯予防効果があるといわれているキシリトール（キシリットともいう）はシラカバのチップやアーモンドの殻から得られ，単糖類の一つであるD-キシロースが還元されたものである。キシリトールはショ糖と同じくらい甘く，インスリンの作用なしで代謝され，血糖値を上昇させないことから，糖尿病患者の甘味料として用いられている。またカロリーの過剰摂取抑制（いわゆるダイエット）のために，砂糖の代わりとして使用されるようになった。

(2)　二　糖　類

酸などによる加水分解で2分子の単糖を生じる糖を二糖類という（図2-10)。

1)　スクロース（ショ糖，sucrose)：D-グルコースの1位のα水酸基（−OH

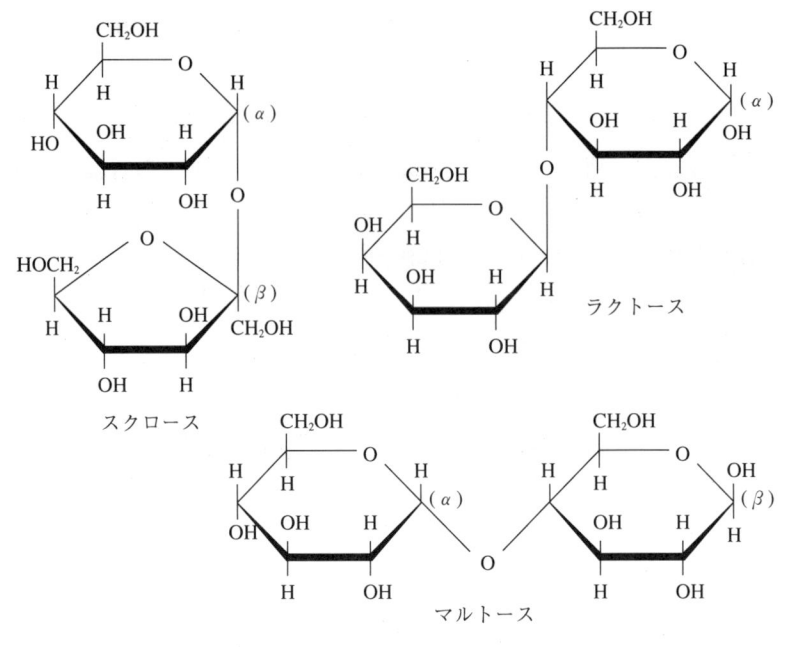

図 2-10 二糖類の構造

基) と D-フルクトースの 2 位の β 水酸基が結合したもので,サトウキビやサトウダイコン (テンサイ) に多く含まれる。ショ糖は日常生活でもっともよく使われる甘味料で,砂糖とはショ糖の商品を指す。

2) ラクトース (乳糖, lactose):D-ガラクトースの 1 位の β 水酸基と D-グルコースの 4 位の水酸基が結合 (β-1,4 結合という) したもので,ミルクに含まれ,乳児にとって栄養上重要な糖である。

3) マルトース (麦芽糖, maltose):D-グルコースの 1 位の α 水酸基ともう一つの D-グルコースの 4 位の水酸基が結合 (α-1,4 結合という) したもので,デンプンにアミラーゼを作用させると生じる。水飴の主成分である。

(3) 多 糖 類

1) デンプン (starch):植物の貯蔵多糖で,普通デンプンは水溶性のアミ

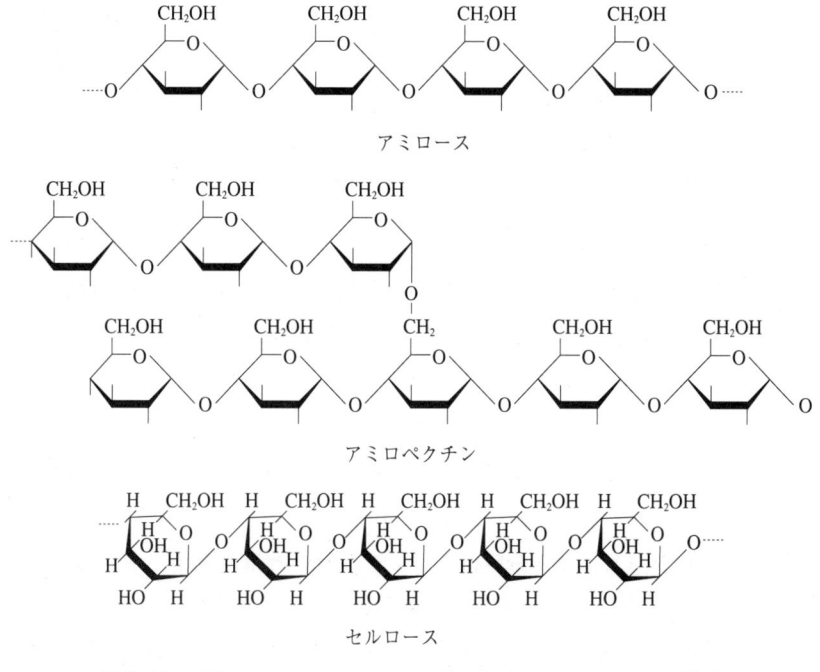

図 2-11 アミロース，アミロペクチンおよびセルロースの構造

ロース（20〜25％）と水に不溶性のアミロペクチン（75〜80％）から成るが，ほとんどアミロペクチンから成るものもある（もち米など）。アミロース（図2-11）は D-グルコース（数百〜数千個）が α-1,4 結合で直鎖状につながったもので，ヨウ素で青色を呈する。アミロペクチン（図2-11）は，α-1,4 結合でつながった D-グルコースの鎖が α-1,6 結合で多数枝分かれした構造をもち（D-グルコースの総数は数千〜百万），ヨウ素を加えると赤紫色を呈する。

2) グリコーゲン (glycogen)：体内に吸収されたグルコースはエネルギー源としてすぐに利用されるが，過剰のグルコースはグリコーゲンにつくり替えられる。グリコーゲンはアミロペクチンに似た構造をしているが，枝分かれが多い。グリコーゲンは動物のあらゆる細胞に存在するが，肝

臓（肝臓重量の5～6％）と筋肉（0.5～1％）に多い。植物の貯蔵多糖であるデンプンに対し，グリコーゲンは動物の貯蔵多糖とみなされてきたが，植物（トウモロコシの種子など）にも少量みいだされる。

3) セルロース（cellulose）：植物の細胞壁の主成分で，植物体を支えており，構造多糖と呼ばれる。セルロースはD-グルコース（～1万5,000個）が β-1,4結合でつながったもので，デンプンがコイル状なのに対し，セルロース分子は直線状に並び，水素結合をしているので強い繊維となる（図2-11）。セルロースは，高等動物の糖質消化酵素によって分解されないので栄養とならないが，草食動物の消化管（ウシ，ヤギなどの反すう胃）やシロアリに寄生している嫌気性細菌は，セルロースをD-グルコースまで分解できるセルラーゼをもっているので，これらの動物は生じたD-グルコースを利用できる。しかし，セルロースは堅固な構造なので，セルラーゼによる分解は遅い。セルラーゼは，真菌，木材腐朽菌，軟体動物（カタツムリなど），高等植物にも存在する。

4) キチン（chitin）：N-アセチル-D-グルコサミン（平均850個）が β-1,4結合したもので，甲殻類（エビ，カニなど），昆虫，クモなどの殻を構成する構造多糖である。酵母，カビ，きのこの細胞壁にも存在するなど自然界に広く分布している。キチンの脱アセチル体をキトサンというが，キチンおよびキトサンの化学修飾物は生体適合性がよく，創傷保護剤，外科縫合糸などに使用されている。この他，細菌生育抑制剤，風呂用防カビ剤，食品保存剤，飲料水のろ過フィルター等にも用いられ，キチンとキトサンの用途は広い。動物実験では，キチンやその分解物であるキトオリゴ糖が抗腫瘍活性や免疫強化活性作用を示すことが報告されている。

5) ペクチン（pectin）：D-ガラクツロン酸が α-1,4結合でつながった多糖で，レモンの皮，リンゴなどに多く含まれる。

6) グルコマンナン（glucomannan）：D-グルコースとD-マンノースが β-1,4結合でつながった直鎖多糖である。こんにゃくいもから得られるグ

ルコマンナンは食用に供される。こんにゃくいものほかに，イリス根茎，広葉樹などにも存在する。

7) グリコサミノグリカン (glycosaminoglycan)：アミノ糖を含む酸性多糖で**ムコ多糖**とも呼ばれる。細胞外間隔（細胞間スペース）を埋めている物質を細胞間物質といい，細胞間の接着剤および潤滑剤の役目をもっているが，その細胞間物質を構成するのがグリコサミノグリカンであり，大量の水を保持し，粘性の大きい溶液となる。ヒアルロン酸は D-グルクロン酸と N-アセチル-D-グルコサミンが結合した二糖単位が 250 から 2,500 くらい結合したグリコサミノグリカンであり（分子量 100 万以上），皮膚，軟骨，関節の潤滑液，眼の硝子体，へその緒などに存在する。コンドロイチンは，D-グルクロン酸と N-アセチル-D-ガラクトサミンから成るグリコサミノグリカンで，眼の角膜やスルメイカの皮から単離されている。コンドロイチンの N-アセチル-D-ガラクトサミン残基が硫酸化されたものは，コンドロイチン硫酸と呼ばれ，軟骨，腱，血管壁など広く結合組織に含まれる。

2. 糖の甘さと人工甘味料

一般にヒドロキシル基（−OH 基，水酸基ともいう）を多くもつ化合物は甘味を呈するといわれるが，甘くない化合物もたくさん知られている。

(1) **糖 の 甘 さ**

グルコースの甘さを 1 として，糖の甘さを比較すると以下のようになる。

　　　フルクトース (2.3)＞スクロース (1.3)＞グルコース (1.0)＞ガラクトース (0.5)＞マルトース (0.4)＞ラクトース（わずかに甘い）

フルクトースは，糖類の中では最大の甘味を示すが，ショ糖に比べて高価であり，空気中の水分を吸収して硬い固まりをつくるので使いにくい。3 価のアルコールであるグリセロール（グリセリン）（図 2-12）はスクロースと同じくらい甘く，お菓子やクリームに使用されているが，吸湿性があり，適度の湿り気を与える目的でタバコにも加えられている。タバコにグリセロールを

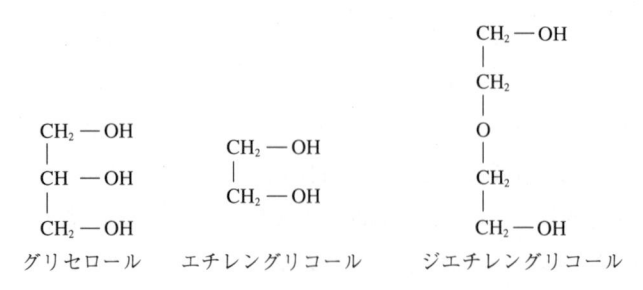

```
CH₂—OH              CH₂—OH
 |                   |
CH —OH              CH₂
 |                   |
CH₂—OH   CH₂—OH     O
         |           |
グリセロール CH₂—OH   CH₂
         |           |
         エチレングリコール CH₂—OH
                     グリエチレングリコール
```

図2-12　グリセロール，エチレングリコール，ジエチレングリコールの構造

加えるとタバコは乾燥せずに，しかもゆっくりと燃える。グリセロールを硝酸で処理するとニトログリセリンが得られるが，これはダイナマイトの原料であるばかりでなく，冠状動脈に作用してこれを拡張させるので，狭心症，心筋梗塞の治療薬に用いられている。グリセロールに似た化合物であるエチレングリコールやジエチレングリコールは自動車の不凍液（水とエチレングリコールの体積比が2：3の不凍液の凝固点は−51℃である）に使われているが，甘みがあり（たとえば，エチレングリコールはスクロースと同じくらい甘い），水によく溶ける。以前オーストリアやドイツワインにこれらの化合物が添加されて販売され（中級ワインにこれらを入れると高級ワインの味になる），大きな社会問題となった。

(2) 人工甘味料

砂糖（スクロース）は，甘いチョコレートやケーキなどの菓子類にたくさん含まれているが，甘いもののとり過ぎは肥満の原因となるので，カロリーは低く甘い味がする人工甘味料が開発された。図2-13は3つの代表的な人工甘味料の構造であるが，三者は互いにまったく異なる構造であるにもかかわらず，甘い味がするというのは興味深い。

サッカリンは砂糖の約300倍の甘みをもち，80年間以上も使われてきたが，1970年代に行われたラットやマウスへのサッカリンの投与実験では，発がん性があることが報告された（発がん性は，後にサッカリンに含まれていた不

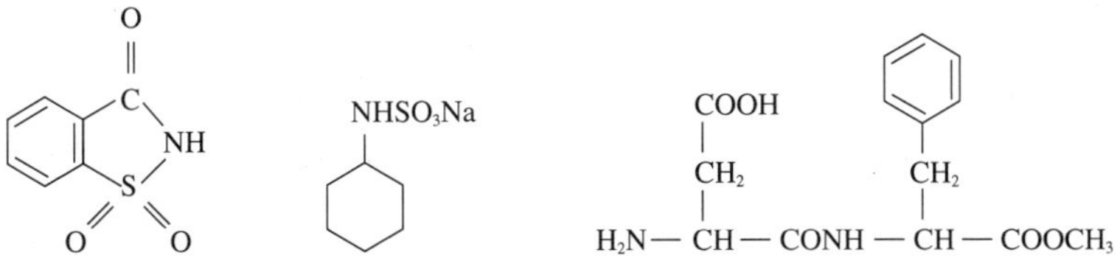

サッカリン　サイクラミン酸ソーダ　アスパルテーム

図 2-13　人工甘味料の構造

純物によると判明)。1998年サルを用いた実験では，サッカリンには発がん性がないことが判明し，サッカリンの人工甘味料としての使用が復活した。サイクラミン酸ソーダ（シクロヘキサンスルファミン酸ナトリウム，日本では通称チクロ）は砂糖の約30倍の甘みをもち，飲料（たとえばダイエットコーラ）やお菓子などに使われていたが，ラットに膀胱がんを起こすことがわかり，1969年にアメリカ，ついで日本などで使用禁止となった。しかし，チクロも2000年サルを用いた動物実験では，発がん性がないことが確認されたが，日本では現在も使用が禁止されている。また，チクロは，弱いながらも内分泌攪乱化学物質（環境ホルモン）の作用があることもわかった。アスパルテームはアミノ酸であるL-アスパラギン酸とL-フェニルアラニンが結合したペプチドの誘導体であり，砂糖の150～200倍甘く，カロリーは200分の1である。アスパルテームは体内では消化酵素によってアミノ酸に分解されるため非常に安全な人工甘味料で，多くの国で使用が認められている。これらのほかに，南米産の植物ステビアの葉から抽出されたステビア甘味料（砂糖の200～300倍の甘み）も最近使われている。

3.　食物繊維の効果

(1)　食物繊維とは

食物繊維（dietary fiber）は，人間の消化酵素では消化されない食物中の成分で，水溶性食物繊維と不溶性食物繊維に分けられる。水溶性食物繊維には，先に述べたペクチンやグルコマンナン，アルギン酸（海藻に多く存在する多糖）

ナトリウム，グァーガム（D-マンノースとD-ガラクトースから成る多糖）などが含まれ，不溶性食物繊維はセルロース，キチン，リグニン（フェノール性の高分子物質。木質素といい，木材の20～30％を占めるが，ココアや切り干し大根にも含まれる）などが含まれる。したがって，果物，こんにゃく，海藻には水溶性食物繊維が多く，穀類，野菜には不溶性食物繊維が多い。

(2) 食物繊維摂取と病気との関係

食物繊維は消化が悪く吸収されないので，おなかの悪い人などはなるべく摂取しないようにいわれてきた。しかし，1950年後半から病因に対する食物繊維の役割についてのウォーカー報告や，1971年イギリスの外科医バーキット（Dennis P. Burkitt, 1911-1993）がアフリカのバンツー族の食生活と健康・疾病との関係を調べた報告によって，食物繊維の重要性が注目をあびるようになった。食物繊維の摂取効果をまとめると次のようになる。

① 腸の運動が活発になるので，便通がよくなり便秘を予防する。糞便が大腸に滞留すると腸内細菌群に変化が起こり，嫌気性細菌が増加する。これが第二次胆汁酸の構造に部分的変化をもたらし，発がん物質を増加させ，大腸がんの形成を促進するといわれている。よって便秘の治療は大腸がん発症の予防となる。大腸がんは年々増加を続けているが，これは高脂肪・低食物繊維食を特徴とする欧米型の食生活が原因といわれており，食物繊維の摂取は大腸がんの発生を抑える可能性が大きい。

② 食物繊維は，大腸内にいる乳酸菌やビフィズス菌などの善玉菌の栄養となり，これらの菌がつくりだす乳酸菌，酪酸およびプロピオン酸が増え，体全体の健康に役立つ。

③ キノコなどの食物繊維は，腸の環境を整えるほかに，免疫力を活性化させる。

④ 腸における糖や脂肪の吸収を抑えるので，血液中の糖やコレステロールが低下し，肥満，糖尿病，高脂質血症，心筋梗塞の予防につながる。

⑤ 腸内でナトリウムと結合し，体外に排せつする作用をもつので高血圧の予防になる。

⑥ 1日の摂取量は「20 g」。1種類の食物からではなく，多種類の食物からとるようにする。一度に大量にとると，腸の粘膜を傷つけたり，水溶性の食物繊維が腸粘膜を覆ったりし，からだに必要な物質（ビタミン，ミネラルなど）の吸収を妨げることがあるので注意しなければならない。

このように，大腸がんの予防効果など食物繊維の効果が定着したと思われていたが，最近，食物繊維には大腸がんを防ぐ効果はないという報告が欧米や日本で相次いで報告されており，食物繊維の効果に関しては不確かさが残っている。しかし，これらの実験では野菜，穀類，海藻などを丸ごと与えて調べたのではないので，これらの食品中の食物繊維の効用が否定されたわけではない。健康維持には食物繊維は必要なものである。

表 2-3 食品の食物繊維含有量（100 g 当たり）

	食　品	繊維量(g)	食　品	繊維量(g)
主食	ライ麦パン	5.21	サツマイモ	2.32
	玄米	2.92	タケノコ	2.27
	食パン	2.55	サトイモ	2.20
	ロールパン	1.83	ピーマン	1.98
	日本そば	1.62	セロリ	1.93
	精白米	0.72	なめこ	1.80
	きくらげ	74.00	カリフラワー	1.70
	ヒジキ	54.90	コンニャク	1.67
	干ししいたけ	43.50	マッシュルーム	1.55
	かんぴょう 乾	25.80	タマネギ	1.50
	いんげん豆 乾	19.55	キャベツ	1.43
	小豆 乾	15.95	ジャガイモ	1.35
	大豆 乾	15.05	ダイコン	1.34
	コンブ	14.60	レタス	0.98
	ワカメ	9.90	トマト	0.79
	糸引き納豆	9.60	豆腐	0.62
	グリンピース	7.75	キウイフルーツ	2.64
	凍り豆腐	7.35	オレンジ	2.00
	ゴボウ	3.58	リンゴ	1.63
	パセリ	3.00	カキ	1.60
	カボチャ	2.99	イチゴ	1.52
	ブロッコリー	2.67	バナナ	1.48
	ニンジン	2.56	パイナップル	0.92
	ホウレンソウ	2.50	グレープフルーツ	0.73

(3) 食物繊維の多い食品

海藻類（ヒジキ，ノリ，ワカメ，コンブ），切り干し大根，納豆，ライ麦パン，玄米，芽キャベツ，ゴボウ，枝豆，カボチャ，ブロッコリー，ホウレンソウ，サツマイモに多い。果物では，キウイ，リンゴ，カキ，イチゴ，バナナに多く含まれる。少ない野菜は，トマト，キュウリ，レタスで，レタスはカボチャの3分の1である（表2-3）。

4. 糖質のエネルギーとアルコール発酵

糖質は生物のエネルギー源の一つであるが，動物は植物が光合成でつくった貯蔵多糖（主にデンプン）を摂取してエネルギーに変える。ここではデンプンからグルコースを経てエネルギーに変わる過程とアルコール発酵について述べてみよう。

(1) 解糖とアルコール発酵

体内に入ったデンプンは，アミラーゼなどの消化酵素群によりグルコースまで分解される。次にグルコースは種々の酵素によりピルビン酸を経て乳酸まで分解されるが，この過程は酸素を必要とせずに（嫌気的に）進行し，**解**

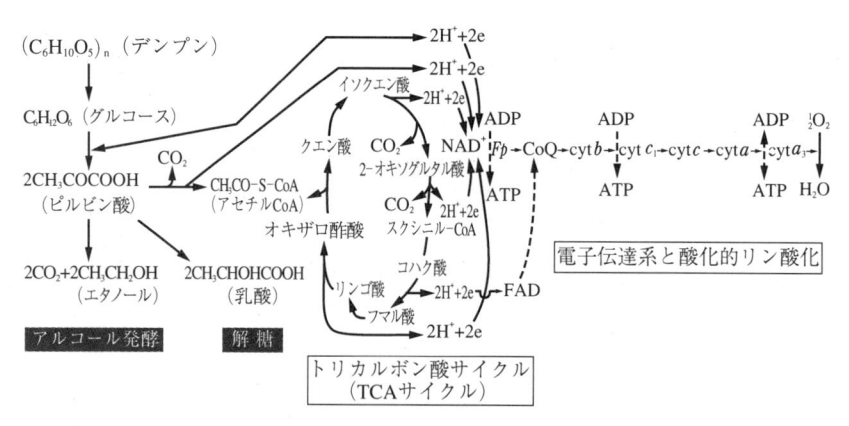

図2-14 グルコースの分解，トリカルボン酸サイクル，電子伝達系および酸化的リン酸化の関係

糖と呼ばれる（図2-14）。解糖では，2分子のATP（アデノシン5′-三リン酸，adenosine 5′-triphosphate，単にアデノシン三リン酸ともいう）が生成する。ATPは，高エネルギー化合物の一種であり，生体におけるエネルギー伝達体として多くのエネルギー代謝に関与し，生物のエネルギー通貨と呼ばれる。解糖は嫌気的な環境ですみやかにエネルギーを獲得するために生物がもつ手段である。多くの生物では解糖系によりグルコースをピルビン酸まで分解するが，乳酸菌などは乳酸まで分解する。また骨格筋は酸素の供給が悪いので，主として解糖でエネルギーを獲得する。骨格筋を長い間動かすと乳酸が蓄積するので，筋肉中の乳酸量は筋肉の疲れと運動量の指標となる。ピルビン酸は，酸素が十分ある環境ではアセチル-CoAを経て，炭酸ガスと水まで分解される。この分解過程を**トリカルボン酸サイクル**（TCAサイクル），またはクエン酸サイクルといい，このサイクルと共役する（歯車がかみ合う）**電子伝達系**（酸化的リン酸化を伴う）は酸素を消費し，ピルビン酸1分子から15分子のATPが生成する（図2-14）。グルコース1分子が炭酸ガスと水まで完全酸化されると，38分子のATPが生成する。

　グルコースからピルビン酸を経て，アルコール（エチルアルコール）と炭酸ガスへ変化する過程を**アルコール発酵**といい，酵母やある種の微生物で起こる。われわれは，酵母を利用して各種酒類（ビール，ワイン，日本酒，ウイスキーなど）をつくっている。アルコール発酵においても，2分子のATPが生成し，解糖と同様に酸素は使われない。

(2) **グルコースの酸化によるエネルギー生成**

　グルコースが炭酸ガスと水に酸化されるときの自由エネルギー変化（$\Delta G'$）は-2872.1 kJ/mol（-686 kcal/mol，1 kcal=4.186 kJ）であるが，グルコースから乳酸への反応過程（解糖）では，$\Delta G'$は-196.7 kJ/mol（-47.0 kcal/mol）であるので，グルコースのもつエネルギーは約7％しか放出されない。解糖では2分子のATPがつくられるので，ATPに蓄えられるエネルギーは61.1 kJ（30.55×2 kJ，14.6 kcal）となり，エネルギー保存率は約31％（61.1÷196.7）である。グルコースがもつ残りのエネルギー（$\Delta G'=-2{,}675$

kJ〔-639 kcal〕)は2分子の乳酸が炭酸ガスと水に分解する反応で放出される。

$C_6H_{12}O_6 + 6\,O_2 \longrightarrow 6\,CO_2 + 6\,H_2O \quad \Delta G' = -2{,}872.1\,\text{kJ/mol}$ 　　(-686 kcal/mol)
　　　　　　　　　　　　　　　　　　　　　　　　　　　　　　　　　　(pH 7.0)

$C_6H_{12}O_6 \longrightarrow 2\,CH_3CHOHCOOH \quad \Delta G' = -196.7\,\text{kJ/mol}$ 　　(-47.0 kcal/mol)
　　　　　　　　　　　　　　　　　　　　　　　　　　　　　　　　　　(pH 7.0)

$CH_3CHOHCOOH + 3\,O_2 \longrightarrow 3\,CO_2 + 3\,H_2O \quad \Delta G' = -1{,}337.6\,\text{kJ/mol}$ 　　(-319.5 kcal/mol)
　　　　　　　　　　　　　　　　　　　　　　　　　　　　　　　　　　(pH 7.0)

$ATP + H_2O \longrightarrow ADP + Pi \quad \Delta G' = -30.5\,\text{kJ/mol}$ 　　(-7.3 kcal/mol)
　　　　　　　　　　　　　　　　　　　　　　　　　　　　　　　　　　(pH 7.0)

5. 血液型は糖が決める：複合糖質の役割

すでに述べたように，糖質にはエネルギー源となるものや，生体の構造を維持するものがあるが，タンパク質や脂質と結合した複合糖質（それぞれ，糖タンパク質，糖脂質という）があり，生体の様々な機能に関与している。

(1) 糖タンパク質

糖をまったく含まないタンパク質もあるが，ほとんどのタンパク質は糖を含み，糖含量は1％以下から90％くらいである。糖タンパク質は，生体の構造を維持する役割のほかに，免疫，受精，細胞の生長や分化に重要な役割を果たしている。

1) プロテオグリカン：グリコサミノグリカンは，共有結合または非共有結合でタンパク質と結合し，プロテオグリカンという糖タンパクをつくる。プロテオグリカンは，コラーゲンとともに軟骨や結合組織の主成分であり，軟骨に弾力性を与える。

2) ペプチドグリカン：細菌は形質膜のほかに細胞壁という丈夫な膜構造をもち，様々な苛酷な環境下でも生きられる。この細胞壁の構成成分がペプチドグリカンで，これは N-アセチル-D-グルコサミンと N-アセチルムラミン酸が β-1,4結合した多糖に短いペプチドがさらに結合し

たものの繰り返し構造をもつ。細菌のペプチドグリカンはD-アミノ酸を含み，タンパク質分解酵素の作用を受けない。カビ（*Penicillium notatum*）が生産する抗生物質ペニシリン（*penicillin*）は，細菌のペプチドグリカンの生合成を阻害し，溶菌させる。

3) その他の糖タンパク質：ヒト免疫グロブリン（IgM, IgG），ニワトリ卵白アルブミン，ヒトトランスフェリン（血液に含まれ，鉄の輸送に関与）などが糖タンパクとして知られている。

(2) 糖 脂 質

ここでは糖脂質の代表的一例としてABO式血液型を決めている糖脂質（血液型活性糖脂質という）をとりあげ，その構造と機能について述べる。ABO式血液型（A型，B型，O型，AB型）は，赤血球の表面（膜）に存在する血液型活性糖脂質の糖鎖によって決まり，A型，B型，O型（H型ともいう）は，糖鎖の末端糖だけが異なる（図2-15）。血液型で問題となるのは輸血の場合である。A型赤血球をもつヒトの血清（血液から赤血球，白血球，血小板，血液凝固因子〔フィブリノーゲンなど〕を除いた液体成分をいう。血清にもっとも多く含まれるものは，タンパク質である）中には，B型赤血球を凝集させるタンパク質（抗B抗

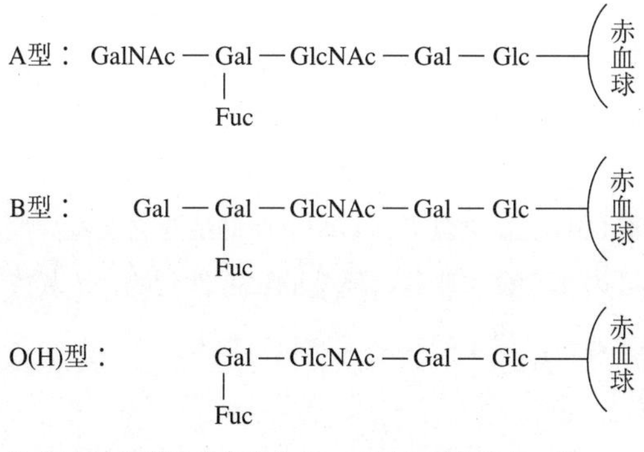

```
A型： GalNAc ― Gal ― GlcNAc ― Gal ― Glc ─┐赤
                 |                          血
                Fuc                         球

B型：        Gal ― Gal ― GlcNAc ― Gal ― Glc ─┐赤
                 |                           血
                Fuc                          球

O(H)型：           Gal ― GlcNAc ― Gal ― Glc ─┐赤
                 |                           血
                Fuc                          球
```

GalNAc：*N*-アセチルガラクトサミン　　Gal：ガラクトース
GlcNAc：*N*-アセチルグルコサミン　　　Glc：グルコース　　　Fuc：フコース

図2-15 ABO式血液型物質の糖鎖構造

体）があり，B型赤血球をもつヒトの血清中にはA型赤血球を凝集させるタンパク質（抗A抗体）が存在する。このようにA型のヒトとB型のヒトはお互いに相手の赤血球を凝集させる抗体をもっているので輸血はできない。AB型のヒトはA型の糖鎖およびB型糖鎖をもつが，血清中には抗A抗体も抗B抗体もないので，いずれの型の人からも血をもらうことができる（実際の輸血では，AB型の人はAB型の血だけが輸血されている）。O型のヒトは抗A抗体および抗B抗体をもつので，O型以外の人からは血をもらえない。血液型にはABO式のほかに，MN式，Rh式，ルイス式などいろいろあるが，これらの血液型を決めている（正確には，血液型抗原活性をもつ）もののほとんどが糖脂質である。

血液型とヒトの性格には関連性があるというのは，科学的根拠のない俗説といわれているが，血液型と性格は関係あるという説もときどきみられ，賑やかな論争がみられる。

第3節　水に溶けにくいもの：脂質の化学

1. 脂質の種類と構造

脂質（lipid）はギリシア語のlipos（脂肪）に由来し，タンパク質や糖質とともに生体を構成している物質である。脂質の多くは脂肪酸を構成成分として含み，水にほとんど溶けず，ベンゼン，エーテル，アセトン，クロロホルムなどの有機溶媒に可溶な物質であるが，脂肪酸を含まない脂質や水に溶ける脂質もある。このように，脂質は構造的にも性状的にも異なる多くの化合物を含む物質群であり，以下のように分類される。

$$\text{脂質}\begin{cases}\text{誘導脂質：脂肪酸，高級アルコール，ステロイドなど}\\[2pt]\text{単純脂質}\begin{cases}\text{中性脂肪：グリセロールと脂肪酸のエステル}\\\text{ロ　ウ：高級アルコールと脂肪酸のエステル}\end{cases}\\[2pt]\text{複合脂質}\begin{cases}\text{リン脂質：グリセロリン脂質，スフィンゴリン脂質}\\\text{糖　脂　質：グリセロ糖脂質，スフィンゴ糖脂質，ステロイド配糖体など}\\\text{硫　脂　質：硫酸基をもつグリセロ糖脂質またはスフィンゴ糖脂質}\end{cases}\end{cases}$$

(1) **誘導脂質** (derived lipid)

単純脂質および複合脂質の加水分解によって誘導される物質のうち，有機溶媒に可溶で水に不溶な物質である。主に脂質の構成成分として他の化合物に結合した型で存在するが，遊離型としても存在する。

1) 脂肪酸 (fatty acid)

遊離状態で存在することは少なく，アルコール類とエステル結合を形成するか (脂肪，ロウ)，アミノ基と酸アミド結合を形成 (複合脂質の一種であるスフィンゴ脂質) して存在する。脂肪酸の一般構造式は下記のように表され，炭化水素鎖 (脂肪族鎖) とカルボキシル基をもつ。

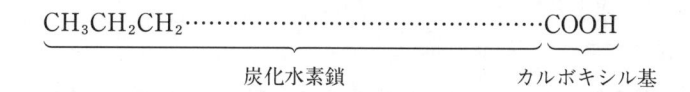

$$\underbrace{CH_3CH_2CH_2\cdots\cdots\cdots\cdots\cdots\cdots\cdots\cdots\cdots\cdots}_{\text{炭化水素鎖}}\underbrace{COOH}_{\text{カルボキシル基}}$$

炭化水素鎖は直鎖型のものが多いが，枝分かれしたものや環状のものもあり，炭化水素鎖の炭素原子の数は偶数個 (4~30) である。炭化水素鎖に炭素間二 (三) 重結合 (C=C結合またはC≡C結合) を含まない脂肪酸を**飽和脂肪酸**といい，二 (三) 重結合を含む脂肪酸を**不飽和脂肪酸**という。不飽和脂肪酸のうち，二重結合 (通常はシス二重結合) を1個含むものをモノエン酸，2個以上含むものをポリエン酸 (多不飽和脂肪酸) と呼ぶ。ポリエン酸の中で，二重結合を4個以上含むものを高度不飽和脂肪酸という。主な脂肪酸を表

表2-4 主な脂肪酸

名称	構造	融点(℃)	存在
(飽和脂肪酸)			
ラウリン酸	$CH_3(CH_2)_{10}COOH$	44	ヤシ油，パーム核油
ミリスチン酸	$CH_3(CH_2)_{12}COOH$	54	ヤシ油，パーム核油
パルミチン酸	$CH_3(CH_2)_{14}COOH$	63	動植物油
ステアリン酸	$CH_3(CH_2)_{16}COOH$	70	動植物油
アラキジン酸	$CH_3(CH_2)_{18}COOH$	75	落花生など
(不飽和脂肪酸)			
オレイン酸	$CH_3(CH_2)_7CH\stackrel{cis}{=}CH(CH_2)_7COOH$	13	オリーブ油，ナタネ油
リノール酸	$CH_3(CH_2)_4(CH\stackrel{cis}{=}CHCH_2)_2(CH_2)_6COOH$	−5	大豆油，トウモロコシ油
α-リノレン酸	$CH_3CH_2(CH\stackrel{cis}{=}CHCH_2)_3(CH_2)_6COOH$	−10	大豆油
γ-リノレン酸	$CH_3(CH_2)_4(CH\stackrel{cis}{=}CHCH_2)_3(CH_2)_3COOH$		月見草油
アラキドン酸	$CH_3(CH_2)_4(CH\stackrel{cis}{=}CHCH_2)_4(CH_2)_2COOH$	−50	動物のリン脂質
エイコサペンタエン酸	$CH_3CH_2(CH\stackrel{cis}{=}CHCH_2)_5(CH_2)_2COOH$	−54	魚油
ドコサヘキサエン酸	$CH_3CH_2(CH\stackrel{cis}{=}CHCH_2)_6CH_2COOH$	−44	魚油
(特殊な脂肪酸)			
α-エレオステアリン酸	$CH_3(CH_2)_3CH\stackrel{trans}{=}CHCH\stackrel{trans}{=}CHCH\stackrel{cis}{=}CH(CH_2)_7COOH$	48	桐油
タリリン酸	$CH_3(CH_2)_{10}C\equiv C(CH_2)_4COOH$	51	Picramnia属種子
ラクトバシル酸	$CH_3(CH_2)_5\overset{CH_2}{\overset{|}{CH-CH}}(CH_2)_9COOH$	28	乳酸菌

2-4に示す。動物体内では合成できず，食物から摂取しなければならない脂肪酸を必須脂肪酸（ビタミンF）といい，リノール酸，α-リノレン酸，γ-リノレン酸，アラキドン酸がこれに含まれる。

2) 長鎖アルコール (long chain alcohol)

一般構造式はR−OHで，自然には通常エステル（ロウなど）やエーテル（リン脂質）のような結合型で存在する。

3) 長鎖塩基 (long chain base)

複合脂質であるスフィンゴ脂質の構成成分として存在する。代表的なものとしてスフィンゴシンがある。ちなみに，スフィンゴシンとは，謎を意味するスフィンクス（ギリシア神話に登場する人面神獣で翼のある怪獣）に由来するといわれる。

$$\text{CH}_3(\text{CH}_2)_{12}\text{CH}=\text{CH}-\underset{\text{OH}}{\text{CH}}-\underset{\text{NH}_2}{\text{CH}}-\text{CH}_2-\text{OH}$$

スフィンゴシン

4) テルペノイド (terpenoid)

テルペン，イソプレノイドともいわれ，イソプレン単位（C_5）が順次縮合してできた化合物で，とくに植物に存在する。メントール，ショウノウ，幼若ホルモン，ビタミンEおよびK，天然ゴムなどがこれに属する。

5) ステロイド (steroid)

ステロイド核（シクロペンタノペルヒドロフェナントレン）を基本構造にもつ化合物の総称で，各種ステロール（コレステロール，植物ステロールなど），性ホルモン，副腎皮質ホルモン，昆虫変態ホルモン，胆汁酸，強心配糖体などが属

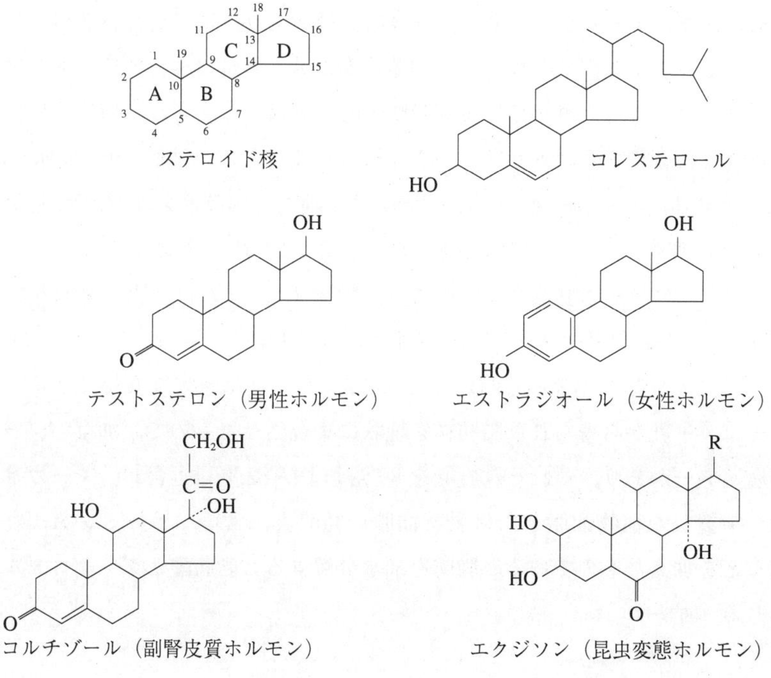

図 2-16　主なステロイド

する(図2-16)。コレステロールは，代表的な動物ステロールで，ステロイドホルモン（男性，女性ホルモン，副腎皮質ホルモン）や胆汁酸の出発物質として重要な化合物である。

6) カロテノイド（carotenoid）

カロチノイドともいわれ，植物やある種のカビなどがつくる黄，橙，赤，紫色の色素である。リコピン（トマトに多い），β-カロテ（チ）ン（ニンジン，カボチャ，緑葉野菜に含まれ，動物体内でビタミンAに変換する）などがこれに属する。

(2) **単純脂質**（simple lipid）

中性脂質ともいい，脂肪酸と各種アルコール（グリセロール，ステロールなど）のエステル（酸とアルコールから水がとれてできたもの）の総称である。

1) 中性脂肪（neutral fat）

グリセロールの脂肪酸エステルで，モノアシルグリセロール，ジアシルグリセロール，トリアシルグリセロールの3種があり，前二者は自然界には少なく，トリアシルグリセロールが動植物界に広く多量に存在する。トリアシルグリセロールは，動物では皮下脂肪組織，内臓に蓄えられ，植物では種子，果肉などに蓄積する。トリアシルグリセロールは，植物油脂（ナタネ油，大豆油，パーム油，コーン油，米ヌカ油，ゴマ油，紅花油など），陸産および海産動物油脂（牛脂，豚脂〔ラード〕，羊脂，乳脂〔肪〕，魚油など）の主成分である。トリアシルグリセロールは食品栄養学的には，脂肪（fat）または油脂（oil and fat）と呼ばれ（室温で固体のものを脂肪，液体のものを脂肪油といい，両者を総称して油脂ということがあるが，厳密な区別はない），人間にとっては重要な食糧である。バターは，牛乳から得られた脂肪粒を塊状に集合させたもので，加塩バターと無塩バターがあり，それぞれ乳脂を80％および82％以上含む。マーガリンは，精製した植物油脂または動物油脂に発酵乳，食塩，ビタミンA，乳化剤などを加えたものである。脂肪を加水分解すると脂肪酸とグリセロールを生じる（図2-17）。

2) ロウ（wax）

高級アルコール（炭素数6以上の直鎖構造，環状構造など）と高級脂肪酸（炭素

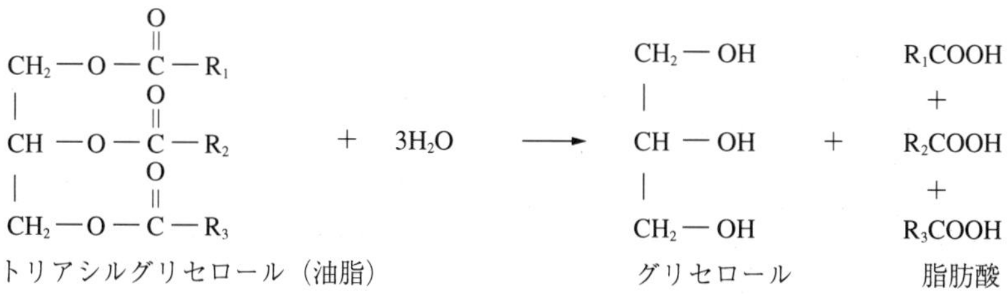

$$\begin{array}{c}CH_2-O-\overset{O}{\underset{\|}{C}}-R_1\\ |\\ CH-O-\overset{O}{\underset{\|}{C}}-R_2\\ |\\ CH_2-O-\overset{O}{\underset{\|}{C}}-R_3\end{array} + 3H_2O \longrightarrow \begin{array}{c}CH_2-OH\\ |\\ CH-OH\\ |\\ CH_2-OH\end{array} + \begin{array}{c}R_1COOH\\ +\\ R_2COOH\\ +\\ R_3COOH\end{array}$$

トリアシルグリセロール(油脂)　　　　　　　　　グリセロール　　脂肪酸

図 2-17 トリアシルグリセロール(油脂)とその加水分解

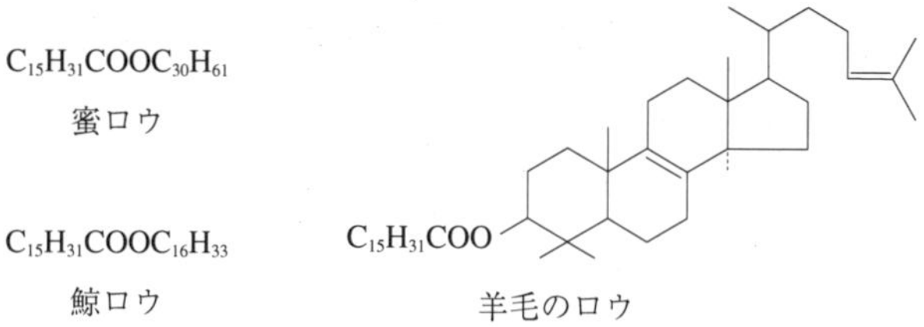

$C_{15}H_{31}COOC_{30}H_{61}$
蜜ロウ

$C_{15}H_{31}COOC_{16}H_{33}$
鯨ロウ

$C_{15}H_{31}COO$ —
羊毛のロウ

図 2-18 ロウの構造

数10以上)から成るエステルで,真正ロウともいう(図2-18)。ロウの生理的役割は,水をはじくことなので,植物では葉,果実の表面,動物の体表面をおおい,防水の役目(外からの水の侵入および体内からの水の漏出を防ぐ)をしている。またクジラや甲殻類などでは,エネルギー源として使われている。結核菌には,真正ロウとは異なるワックスA,B,C,Dと呼ばれる複雑な構造をしたロウが存在する。

(3) **複合脂質** (complex lipid)

1) **リン脂質** (phospholipid)

リンを含む脂質で,グリセロリン脂質とスフィンゴリン脂質に分類される。

i) グリセロリン脂質

1,2-ジアシルグリセロール-3-リン酸(ホスファチジン酸ともいう)の誘導体で,リン酸に結合する化合物によって様々なグリセロリン脂質が知られている(図2-19および表2-5)。

ホスファチジルコリンはレシチンとも呼ばれ,動植物,酵母などに広く存

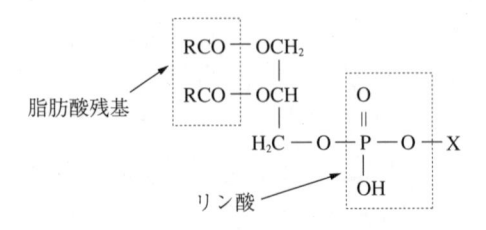

図 2-19 グリセロリン脂質の一般構造

表 2-5 グリセロリン脂質

リン酸に結合する基(-X)	名　称	別　名
$-H$	ホスファチジン酸	ホスファチド酸
$-CH_2CHNH_2COOH$	ホスファチジルセリン	
$-CH_2CH_2NH_2$	ホスファチジルエタノールアミン	セ(ケ)ファリン
$-CH_2CH_2\overset{+}{N}(CH_3)_3$	ホスファチジルコリン	レシチン
$-CH_2CHOHCH_2OH$	ホスファチジルグリセロール	
(イノシトール環構造)	ホスファチジルイノシトール	モノフォスホイノチシド

在するグリセロリン脂質であり，生体膜リン脂質の50％を占め，生体膜の重要な構成成分である。レシチンは，消化可能な天然界面活性剤として多くの食品に加えられている。大豆レシチン，卵黄レシチンとして市販されているものはリン脂質の混合物であり，純粋なレシチンではない。

ⅱ）スフィンゴリン脂質

代表的なものはスフィンゴミエリンで，脳，神経組織，赤血球などに多く含まれる。神経細胞で絶縁体としての役割をもち，迅速な神経伝導を助けている。

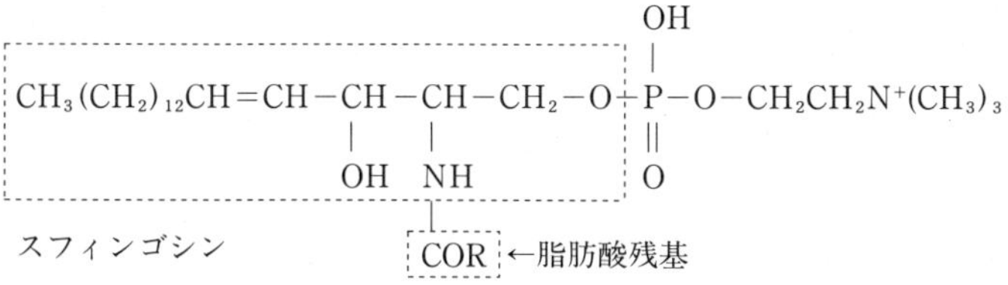
OH
CH3(CH2)12CH=CH−CH−CH−CH2−O−P−O−CH2CH2N+(CH3)3
OH NH
O
スフィンゴシン
COR ←脂肪酸残基

スフィンゴミエリン

2） 糖脂質 (glycolipid)

糖，スフィンゴシン塩基，ステロールを含む脂質で，グリセロ糖脂質，スフィンゴ糖脂質およびステロイド配糖体などに分類される（図 2-20）。グリセロ糖脂質は，高等植物，細菌，動物の神経組織や精巣にみいだされ，精巣や精子の主要グリセロ糖脂質であるセミノリピドは，受精機構に関係があるらしい。スフィンゴ糖脂質は，動植物，細菌などにみいだされ，動物では大部分細胞膜外表面に存在し，細胞表面のマーカー（血液型物質，がん抗原）やホルモン，細菌毒素，ウイルスなどに対する受容体としての役割のほかに，細

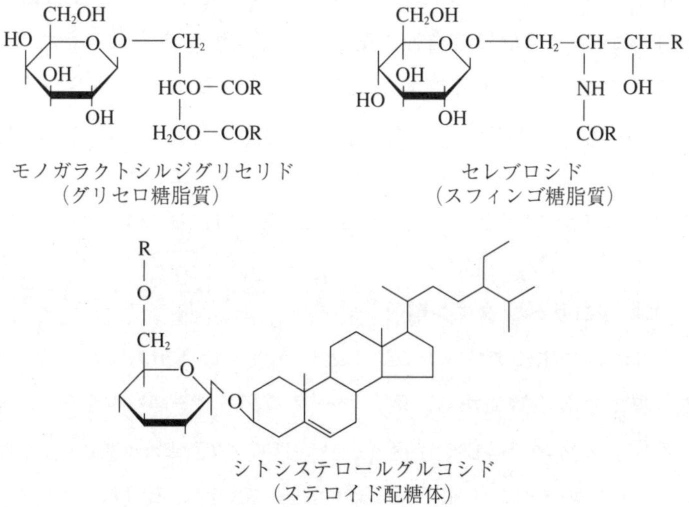
CH2OH
HO
O
O
CH2
OH
HCO−COR
OH
H2CO−COR
モノガラクトシルジグリセリド
（グリセロ糖脂質）
CH2OH
O
O
CH2−CH−CH−R
OH
NH
OH
HO
OH
COR
セレブロシド
（スフィンゴ糖脂質）
R
O
CH2
O
O
シトシステロールグルコシド
（ステロイド配糖体）

図 2-20　糖脂質の構造

胞増殖と分化制御，生体膜の流動性と生体膜酵素活性の調節にも関与している。ステロイド配糖体は植物に存在し，強心配糖体（心筋収縮力増強などの作用をもつ）やジャガイモ発芽のときに高濃度で生成するソラニンなどが知られている。

3）硫脂質（sulfolipid）

イオウ（硫酸またはスルホン酸）を含む脂質であるが，一般に糖と結合しているので硫糖脂質とも呼ばれる。植物の葉緑体，動物の精巣，神経組織および腎臓，ウニ配偶子，微生物などに存在し，動物では神経機能，受精およびイオンチャンネルの調節と関係がある。

2. 魚を食べると頭がよくなるか：高度不飽和脂肪酸の栄養生理機能

食生活において油脂は重要な食糧の一つであるが，油脂に含まれる脂肪酸の種類の違いが，成人病などの発症に大いに関連があることがわかってきた。一般に，飽和脂肪酸を多く含む油脂（飽和脂肪ともいう。鳥獣肉類，卵，乳製品に多い）の摂取増大が，動脈硬化症，心筋梗塞，脳梗塞などの血栓性疾患の発症を上昇させるといわれている。一方，ポリエン酸を多く含む油脂（植物油脂，魚介類の油脂）の摂取は抗血栓，抗動脈硬化作用があるといわれている。ここでは最近その栄養生理機能が注目されている**エイコサペンタエン酸**（eicosapentaenoic acid〔EPA〕，イコサペンタエン酸ともいう。炭素間二重結合を5個含む炭素数20個の高度不飽和脂肪酸）および**ドコサヘキサエン酸**（docosahexaenoic acid〔DHA〕，炭素間二重結合を6個含む炭素数22個の高度不飽和脂肪酸）について述べる。

(1) （エ）イコサペンタエン酸

カナダのはるか北にグリーンランドという大きな島があるが，これがデンマークの領土である関係から，デンマークのダイヤーバーグ（J. Dyerberg）らは，グリーンランドに住むイヌイット（アメリカ先住民の言葉で「人間」を意味する。ユピックともいう。イヌイットは古くからエスキモーと呼ばれてきたが，エスキモーはアメリカ先住民の言葉では，「生肉を食べる人」という蔑称なので，最近は使われ

なくなっている）の疫学調査を長い間続けていた。その調査結果は，イヌイットには血栓性疾患（脳梗塞，心筋梗塞）や糖尿病が少なく，彼らが動脈硬化になりにくい体質であることを示した[1]。たとえば，心臓発作の発生率は，イヌイットでは白人の10分の1くらいである。イヌイットが肉食（魚，アザラシ，オットセイなどの肉）であるにもかかわらず上記の疾患が少ないのは，魚，魚を常食とするオットセイやアザラシに多く含まれているEPAと関係あることが示唆された。その後の様々な調査・研究により，EPAから体内でつくられるエイコサノイド（プロスタグランジン〔PG〕，トロンボキサン〔TX〕などを含む一連の生理活性物質）の生理活性によることがわかった。すなわち，EPA由来のプロスタグランジンE_3（PGE_3）やトロンボキサンA_3（TXA_3）は血小板凝集や血管収縮作用が弱いのに対し，アラキドン酸（炭素間二重結合を4個含む炭素数20個の高度不飽和脂肪酸）由来のプロスタグランジンE_2（PGE_2）やトロンボキサンA_2（TXA_2）はこれらの作用が強く，特にTXA_2の作用は強い。またEPAはアラキドン酸からTXA_2への変換を阻害するはたらきもあるので，EPAの大量摂取によりアラキドン酸の生体内量が減少するとともに，生体内におけるTXA_2の合成量が減るため，イヌイットにおいては動脈硬化，脳梗塞，心筋梗塞などの疾患が少ない。欧米諸国では，アラキドン酸を多く含む牛肉などの長期摂取のため上記の疾患が多いが，EPA摂取はこれらの疾患にかかりにくい体質に改善するといわれ，欧米において魚料理に人気が集まりはじめている。EPAは"青もの"と呼ばれる大衆魚（イワシ，サンマ，サバ，アジ）に多く，タイやカレイなどの高級魚には少ない。その他，オキアミ，サクラエビ，イカ，マグロ，カエルにも多く含まれている。

(2) ドコサヘキサエン酸

DHAは，脳などの中枢神経系，網膜，副腎などのリン脂質の主要脂肪酸であり，DHAはEPAと同様に魚，オキアミ，サクラエビ，イカ，クジラなど水中動物に多く含まれ，最近栄養生理学上話題となっている不飽和脂肪酸である。DHAの摂取は，アラキドン酸からのTXA_2の合成の抑制，血清コレステロールおよびトリアシルグリセロールの低下に有効であり，魚を多

く食べる人は心筋梗塞などの心臓病になりにくいので，魚のDHAが注目をあびている．さらに，脳のリン脂質へDHAが十分に取り込まれる前に生まれた早産児では，視覚障害などがみられるが，DHAの投与で回復することも知られている．また，DHAやEPAを含む魚の油脂を多く摂取する人が，ほとんど魚を食べない人に比べ，前立腺がんになる危険性が50％以下になると報告されている．一方，DHAと学習能との関連性が指摘されている．α-リノレン酸を多く含むしそ油やDHAを多く含む油脂を与えられたラットが，これらの脂肪酸含量の少ない食群のラットよりも記憶学習能が優れているので，α-リノレン酸やDHAなどの脂肪酸が脳・神経機能に必須であるという報告がある[2]．この結果は「魚を食べると頭がよくなる」など魚の摂取拡大の宣伝に用いられたが，人間での実験的証拠はなく，これらの脂肪酸の脳・神経機能における役割は不明であり，魚の摂取と直接学習能向上との関連性を示すには，さらに詳細な実験と検討が必要であろう．

3. 不飽和脂肪酸の弱点：過酸化脂質の生成と生体に及ぼす影響

飽和脂肪酸を多く含む食物（飽和脂肪）やコレステロール含量の高い食物の摂取は，動脈硬化，心臓疾患などの発症を上昇させるが，不飽和脂肪酸含量の高い食物の摂取は，不飽和脂肪酸のもつ様々な生理作用により，動脈硬化症，心臓疾患を減少させる．このことから飽和脂肪酸よりも不飽和脂肪酸が，生体にとって好ましいようにみえる．しかし，不飽和脂肪酸には飽和脂肪酸と違って弱い点がある．それは二重結合をもつがゆえに，空気中の酸素と反応し「過酸化脂質」を生成することである（図2-21）．このように過酸化を受けるのは不飽和脂肪酸であるが，生体では不飽和脂肪酸は中性脂肪の構成成分であり，あるいは通常生体膜のリン脂質に組み込まれているので，不飽和脂肪酸の過酸化物を総称して過酸化脂質という．したがって，過酸化脂質は時間が経った古いてんぷら油や賞味期限の過ぎたチップス類，カリン糖，インスタントラーメンなどに含まれている．

過酸化脂質は生体にとって不都合なもので，生体膜の破壊に伴う溶血と貧

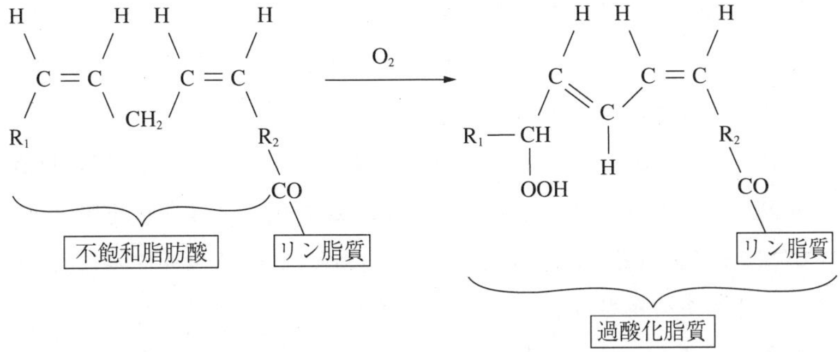

図 2-21　過酸化脂質の生成

血，動脈硬化，高血圧，糖尿病，免疫不全，肺の障害に関係あるといわれている。さらに，過酸化脂質は老化やがんの発生にも関係あるという説もある。老齢動物の神経，肝臓，心臓などの組織には，過酸化脂質とタンパク質との重合反応でできたと思われるリポフスチンと呼ばれる蛍光性沈着色素がみられ，リポフスチンは，脂質の過酸化反応が引き金となって生じ，老化と関連性があるという報告もある。しかし，生体には過酸化脂質の生成を抑える機構があり，酵素（グルタチオンペルオキシダーゼ，カタラーゼ，スーパーオキシドジスムターゼ）やビタミンC，ビタミンE，カロテノイドなどがこの生体防御機構に関与している。

4. 脂質のエネルギーと運搬

(1) エネルギー源としての脂肪酸

人が生きるためにもっとも利用されるエネルギー源はグルコースであるが，グルコースは水によく溶けるため血液に溶けた状態で全身の細胞に運搬され，エネルギーとなる。余ったグルコースはグリコーゲンに変換されて全身の細胞に蓄積されるが，特に筋肉および肝臓には顆粒として存在する（グリコーゲンは必要に応じてグルコースに分解され，エネルギーとなる）。しかし，体内に蓄積されるグリコーゲンの量は多くない。一方，体内に大量蓄積されるエネルギー源は中性脂肪（トリアシルグリセロール）であり，中性脂肪の構成成分であ

る脂肪酸が酸化されて二酸化炭素と水になり,そのとき大量のエネルギーが生成する。たとえば,パルミチン酸が酸化された場合,$\varDelta G'$は,$-9,797$ kJ/mol($-2,347$ kcal/mol)である。

$$C_{15}H_{31}COOH + 23\,O_2 = 16\,CO_2 + 16\,H_2O \qquad \varDelta G' = -9,797 \text{ kJ/mol}$$

脂肪酸がエネルギーとなる反応は,まずβ酸化によって脂肪酸はアセチルCoAにまで分解され,ついでアセチルCoAはTCAサイクルによって炭酸ガスと水まで分解される。TCAサイクルで生じた電子は電子伝達系に入り,電子伝達系に伴う酸化的リン酸化により,大量のATPがつくられる(図2-22)。

1g当たりのエネルギーの産生率は,グルコースの場合の16.7 kJ(4.0 kcal)に比べて脂肪酸は37.7 kJ(9.1 kcal)で高く,能率のよいエネルギー源である。中性脂肪はグリセロール1分子当たり3分子の脂肪酸が結合したものであるから,エネルギー源として重要である。中性脂肪は,皮下組織,筋肉,腸間膜組織に大量貯蔵され,貯蔵された中性脂肪は約40日間の絶食

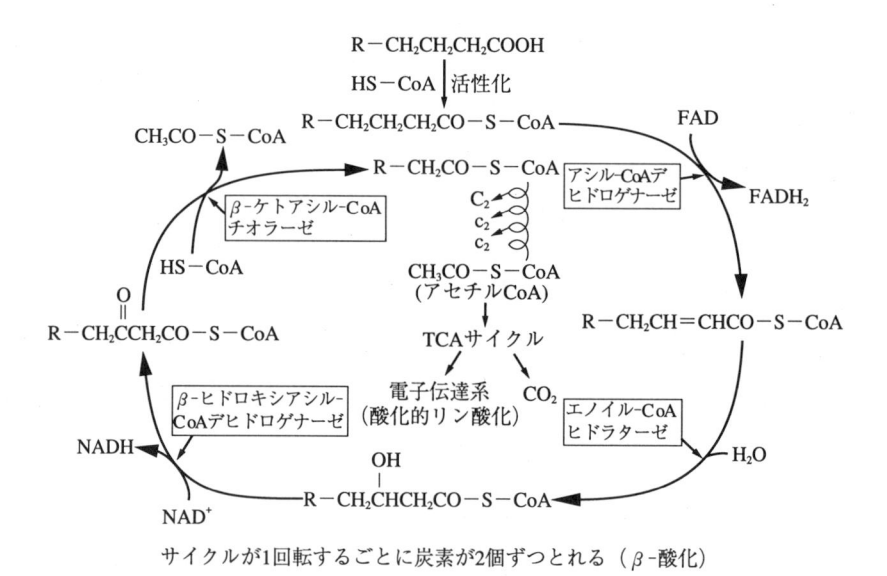

図2-22 脂肪酸のβ酸化,TCAサイクルおよび電子伝達系の関係

に耐えられるといわれる。食事をしない夜間は脂肪酸の濃度が増加して，脂肪組織中のトリアシルグリセロールが消費されている。渡り鳥の飛翔のエネルギー源として使われる皮下脂肪（皮膚は表皮，真皮，皮下組織の3つの層からできているが，皮下組織に蓄積されるトリアシルグリセロールは皮下脂肪と呼ばれる）は，水よりも軽いので貯蔵物質に適しており，さらに体温の保持や機械的衝撃から身を守る役割ももっている。

(2) **脂質の運搬**

脂質は一般に水に溶けにくいので，血液によって全身の細胞に運搬されるには，脂質を運搬する水溶性タンパク質が必要となる。表2-6は脂質を運搬するリポタンパク質の種類とその機能をまとめたものである。リポタンパク質の基本的構造は，トリアシルグリセロールとコレステロールエステルから成る芯（コア）部分と，それを取り巻く両親媒性の被膜（リン脂質，遊離コレステロールおよびタンパク質から成る）からできている。食事によって体内に入った脂肪（トリアシルグリセロール）は，胆汁酸の作用によりミセル（トリアシルグリセロールと胆汁酸の会合体）となり，膵臓リパーゼの作用が受けやすくなる。脂肪は膵臓リパーゼによって脂肪酸，ジアシルグリセロール，モノアシルグリセロール，グリセロールに分解される。これらは小腸から吸収されたのち，小腸の細胞で再びトリアシルグリセロールに合成され，**キロミクロン**と呼ば

表2-6 ヒト血清リポタンパク質の種類と性質

名　称	記号	密度 (g/ml)	サイズ 直径(nm)	化学組成（重量%）					
				タンパク質	TG	FC	CE	PL	FFA
キロミクロン	CM	0.95	75〜1,000	1〜2	80〜90	1〜3	2〜4	3〜6	0
超低密度リポタンパク質	VLDL	0.95〜1.006	30〜80	10	50〜55	6	12	15〜20	0
中間密度リポタンパク質	IDL	1.006〜1.019	25〜35	18	31	7	23	22	0
低密度リポタンパク質	LDL	1.019〜1.063	18〜25	23	10	9	37	20	0
高密度リポタンパク質2	HDL_2	1.063〜1.125	10〜16	41	5	6	18	30	1
高密度リポタンパク質3	HDL_3	1.125〜1.210	7〜12	56	5	3	12	23	1

TG：トリアシルグリセロール，FC：遊離コレステロール，CE：コレステロールエステル，PL：リン脂質，FFA：遊離脂肪酸

れる大きなリポタンパク質として血液中に分泌され，全身の組織に運ばれる。

トリアシルグリセロールのほかに，コレステロールや水に溶けないビタミン類（ビタミンA, D, E, Kなど）を積み込んだキロミクロンは非常に大きな粒子で，血清を放置しておくと上層にクリーム状に浮かぶ物質である（キロミクロンの語源：粥状の微粒子）。超低密度リポタンパク質（very low density lipoprotein, VLDL）は，肝臓で合成されたトリアシルグリセロールやコレステロールエステルを，脂肪酸を必要とする他の臓器・組織（心臓，腎臓，動脈，筋肉，乳腺，脂肪組織など）へ運ぶのが主な役割である。トリアシルグリセロールは，これらの臓器・組織の末梢血管壁に存在するリポタンパク質リパーゼ（酵素の一種）により脂肪酸とグリセロールに分解される。中間密度リポタンパク質（intermediate density lipoprotein, IDL）は，VLDLのトリアシルグリセロールがリポタンパク質リパーゼによって一部加水分解されて生じたものである。低密度リポタンパク質（low density lipoprotein, LDL）は，IDLのトリアシルグリセロールがさらに加水分解され，IDL中のアポEというタンパク質も除かれて生じたもので，肝臓で合成されたコレステロールを全身の組織へ運搬する役割をもつ。高密度リポタンパク質（high density lipoprotein, HDL）は，全身の組織から余ったコレステロールを引き抜き，これを肝臓に運搬する機能を果たしている。

(3) 脂肪をとらなくても脂肪が増える

人は何も活動しないときにも，エネルギーを消費している。すなわち，安静時の心臓の拍動，呼吸，腎機能，脳機能，体温などの生命を維持するための最低限の活動を維持するために消費するエネルギーを基礎代謝量という。そのため最小限のカロリー（食糧）を摂取しなければならないが，カロリー摂取過剰や運動不足による肥満が成人病の発症と関係があり，現在問題となっている。しかし，太らないために極端に食事の量や種類を制限する無謀なダイエットは命を落としかねないことになるので注意しなければならない。

脂肪酸生合成の出発物質はアセチルCoAであるが，アセチルCoAは脂肪酸（脂肪の消化によって生じる）のβ酸化を経て生成するほかに，グルコー

グルコース→→……→アセチル CoA →→……→脂肪酸→**脂肪**

アミノ酸（セリン，システインなど）

スやアミノ酸などの分解によっても生成する。したがって，食事から脂肪をぬいても体が必要としているカロリー以上に摂取した糖分（グルコース）やタンパク質（アミノ酸）から脂肪酸が合成され，ついで脂肪がつくられる。これが食べ過ぎると太る原因である。必要以上のカロリーをとっても適度の運動によって脂肪分解を促進させると太らないが，運動不足によってエネルギーを消費しない場合は肥満になる。このように肥満は，食物の摂取過剰や運動不足などが原因であるが，小腸からの栄養物の吸収の違いも肥満に影響を与える。たとえば，少し食べてもすぐ太るのは小腸から栄養物が一度に吸収され，栄養物が効率よく脂肪に変換して蓄えられる状況にあるといわれる。一方，俗にいうやせの大食いとは，腸管から栄養物（グルコース，脂肪酸，アミノ酸など）の吸収が徐々に起こり，吸収された栄養物はその後効率よく分解される体質が要因といわれる。

5. 人工油脂：オレストラ

脂肪（トリアシルグリセロール）は水よりも軽いので貯蔵物質に適しており，必要に応じてエネルギーとなるばかりでなく，体温の保持や機械的衝撃から身を守る役割ももっている。さらに，脂肪は食生活にとって欠くことのできないものであり，油をたっぷりと使って調理した品々は，その口あたりのよさから美味であり，さらに脂の乗った魚，霜降りの肉などはおいしい食品である。しかし，脂肪のもつ高カロリー価が肥満と密接に関連しているので，脂肪の摂取量が何かと話題になる。日本人においては，脂肪は平均して摂取エネルギーの約 25 ％（摂取量は約 60 g）を占めているが，アメリカ人では最近までエネルギー比で 40 ％くらい脂肪を摂取しており（現在は 35 ％以下くらいまでに減少したといわれている），エネルギー比に占める脂肪の割合についていろいろ議論されている。このため，1996 年，アメリカのプロクターアン

ドギャンブル社（Procter & Gamble 社，P & G と略）は，その口あたりのよさは天然の食用油脂と変わらないが，カロリーがゼロである人工油脂を開発した。その人工油脂はオレストラ（olestra）と呼ばれ，スクロース（ショ糖）に6～8個の脂肪酸をエステル結合させたものであり，食品添加物としての認可を受け，ポテトチップスなどのスナック類に使われている。オレストラは摂取しても小腸で消化されないので，吸収もされず，そのまま体外に出てゆくのでカロリーはゼロである。しかし，副作用として，ビタミンA，D，E，Kなどの脂溶性ビタミンを体内で吸収し，体外に運びだす作用や消化管の不調を起こすことなどが指摘されている。

6. 善玉，悪玉コレステロール

(1) コレステロールの体内における役割

コレステロールというとなぜか体に悪いというイメージがあるが，コレステロールは生体にとって重要な役割を果たしている。たとえば，生体膜の成分としてリン脂質とともに重要な物質で，生体膜の柔らかさと固さを調節している。しかし，血管の内皮細胞膜にコレステロールが多くなると膜が固くなって，もろくなり，動脈硬化を引き起こす。逆にコレステロールが少なくても膜が柔らか過ぎて支障が起こる。コレステロールは食事によって体内に入るが，アセチル CoA を出発物質として動物の細胞において合成され，ステロイドホルモンや胆汁酸などをつくる出発物質である。体内のコレステロールの量が増加すると合成が止まり，体内コレステロールの量は調節されている。生体にはこのようなフィードバック抑制（ある代謝産物が，その産生に関わる酵素を抑制して，生産物の過剰生産を抑える仕組み）がはたらいて，恒常性（ホメオスタシス）を保とうとする。

(2) LDL と LDL レセプター

コレステロールは水に溶けないために低密度リポタンパク質（LDL）に積み込まれて運搬される。LDL はコレステロールを必要とする臓器・組織に粒子ごと取り込まれるが，この取り込みには LDL レセプター（受容体）と呼

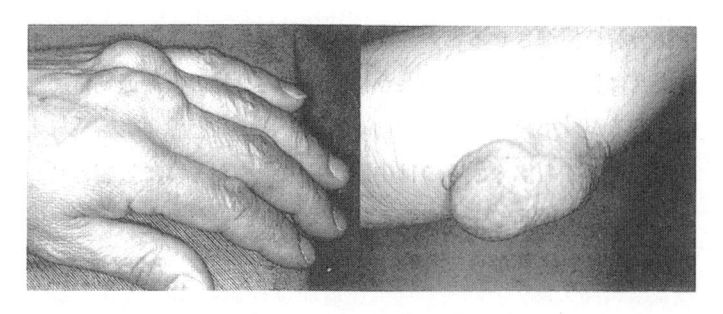

　　　　　　　　　　　手　　　　　　　　　ひじ
　　　　　　　　出典：大阪大学　山下静也氏撮影
図 2-23　家族性高コレステロール血症（ホモ接合体患者）の皮膚黄色腫

ばれるタンパク質が必要である。LDL レセプターはコレステロールを必要とする臓器・組織（肝臓，副腎など）の細胞表面に多く存在する。この LDL レセプターの合成に関与する遺伝子に異常があると，LDL レセプターが欠損したり（家族性高コレステロール血症，ホモ接合体），あるいはレセプターはつくられても機能に欠陥があったりする（家族性高コレステロール血症，ヘテロ接合体）。したがって，このような場合，LDL が細胞に取り込まれず，血液中の LDL 濃度が増加する。LDL レセプターが正常につくられている人（健常人）の血液中の総コレステロール濃度は 240 mg/100 ml（血清）未満（ただし，危険因子年齢〈男性 45 歳以上，女性 55 歳以上〉，高血圧，糖尿病，喫煙がない場合。これら 4 つの危険因子が一つでもあると，130〜220 mg/100 ml が望ましい総コレステロール濃度となる）であるが，家族性高コレステロール血症でホモ接合体の場合は 600 mg/100 ml 以上，ヘテロ接合体では 300 mg/100 ml 以上となる。体中にあふれたコレステロールは黄色腫として皮膚に現れる（図 2-23）。

(3) 悪玉コレステロール

　LDL はコレステロールを必要とする臓器・組織へコレステロールを運搬する大切な役割をもっているので，正常に機能しているならば生体にとって重要な輸送タンパク質である。しかし，LDL コレステロールは通常「悪玉

コレステロール」と呼ばれており，その理由は以下の通りである．遺伝性であれ，食事由来であれ，LDLレセプターによるLDLの取り込みのバランスがくずれて血液中にLDLがたまると，血管壁の内皮細胞の傷などにコレステロールをたくさん積み込んだLDLが浸潤する．その結果，血管壁にコレステロールが沈着し，血流が妨害されたり，または詰まったりするほかに，血管がもろくなって虚血性心疾患や動脈硬化など命に関わる病気の原因となる．このように高LDLコレステロール血症は動脈硬化性疾患の発症と強く関連するので，LDLに積み込まれているコレステロールを悪玉コレステロールと呼んでいる．健常人のLDLコレステロールは，60〜140 mg/100 mlであり，160 mg/100 ml以上の場合は要注意である．

コレステロールを含む食品（表2-7）を過剰に摂取すると，細胞中にコレステロールが蓄積し，細胞はLDLを取り込んでコレステロールを利用する

表2-7　主な食品コレステロール含有量

食　品	含有量 (mg/100 g)	食　品	含有量 (mg/100 g)
鶏卵（黄身）*	1,160	いか塩辛	230
スルメ	980	マヨネーズ	220
しじみ	556	サザエ	170
すじこ	510	生クリーム	120
鶏卵（全卵）	470	チーズ	100
いか　焼き	410	アジ　焼き	95
かき	380	アサリ	90
鶏　肝臓	370	イワシ　焼き	85
牛　腎臓	310	イワシ　生	75
豚　腎臓	290	牛肉	70
バター	273	アジ　生	70
ししゃも	260	マーガリン	62
しらす干し	250	ウインナーソーセージ	60
豚　肝臓	250	ベーコン	60
たらこ	243	鶏　ささみ	55
うなぎかば焼き	240	ロースハム	40
身欠きにしん	230	牛乳	11

＊全卵1個の黄身15 g

必要がなくなり，レセプターをつくらなくなる。この場合，レセプターをつくれない病気の人と同様に血中コレステロール濃度は上昇するが，食生活をあらためることによりコレステロールが低下する点が遺伝性の家族性高コレステロール血症と違うところである。コレステロールはトリアシルグリセロールと異なり，エネルギーとして消費されることはない。そのためコレステロールの摂取量が増え過ぎると，体内でつくる量をゼロにしてもコレステロールが過剰になる。したがって食生活においてコレステロールを摂取し過ぎないようにすることが大切である。現在コレステロール合成を阻止するはたらきをもつ薬剤が開発され，高コレステロール血症の患者に使用されている。

(4) 善玉コレステロール

キロミクロンやVLDLがいろいろな臓器・組織にトリアシルグリセロールを供給するにつれて，これらのリポタンパク質粒子は小さくなるが，この代謝過程で高密度リポタンパク質（HDL）が生じる。HDLはLDLと同様にコレステロールエステルを積み込んでいるが，末梢組織にコレステロールを供給するのではなく，末梢組織の細胞表面から余剰のコレステロールを引きだし，肝臓へ運搬する作用がある。このようにHDLは全身のコレステロールをいわば掃除するはたらきをもっている。血液中のHDLコレステロール濃度と動脈硬化性疾患の発症の間には負の相関関係があり，HDLコレステロール濃度が高い場合はこの疾患の発生率が低いので，HDLに積み込まれているコレステロールは「善玉コレステロール」と呼ばれる。健常人の血液中のHDLコレステロールは $40 \sim 80 \, mg/100 \, ml$ である。

7. 外と内を仕切るもの：生体膜とリン脂質

細胞は生物の最小構成単位であり，細胞は原核細胞と真核細胞に分類される。原核細胞には，細胞内小器官（オルガネラともいう）がなく，細菌や藍藻（シアノバクテリアともいう）などが原核細胞から成る生物である。一方，真核細胞は，細胞内に核，ミトコンドリア，ゴルジ体，小胞体，ペルオキシソーム，リソソームなど細胞内小器官をもち（図2-24），藻類，真菌，植物，動物

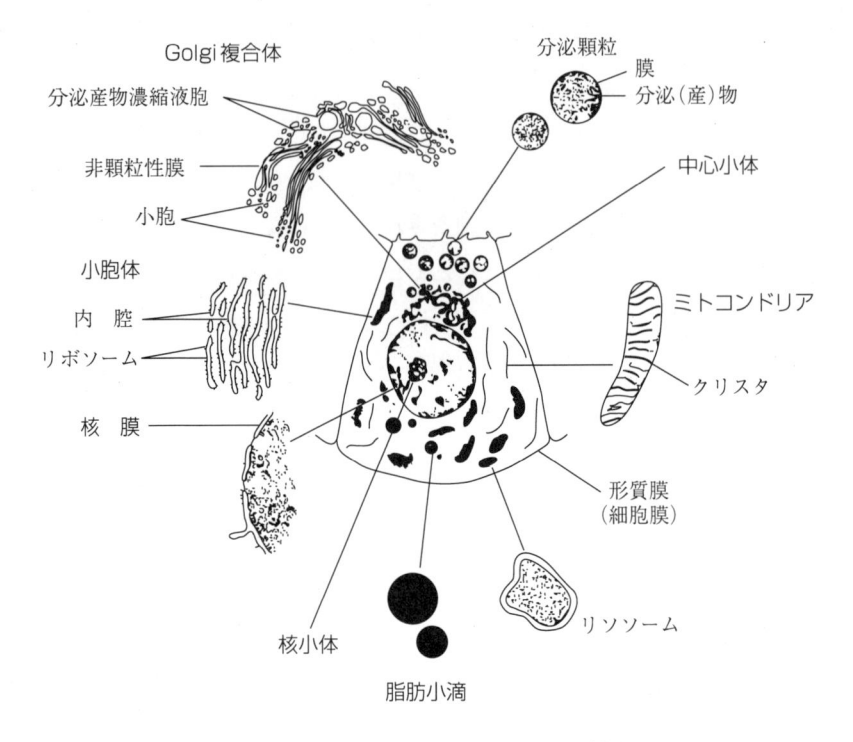

図 2-24 細胞および細胞内小器官の構造

などが真核細胞から成る生物である。細胞および細胞内小器官の内外を仕切る膜を，それぞれ形質膜（細胞膜）およびオルガネラ膜といい，両者を合わせて生体膜という。

生体膜の成分は脂質（リン脂質, 糖脂質, コレステロール）と膜タンパク質で，特にリン脂質は生体膜の主要構成成分である。生体膜の微細構造は図 2-25 に示されるように，リン脂質の非極性部分（疎水部分）どうしを対面させて二分子層を形成し，膜の両表面は親水部分から，中心部分は疎水部分から成る。膜タンパク質はその存在状態によって，脂質二分子膜の表面に付着している「表在性タンパク質」と脂質二分子膜に埋没している「内在性タンパク質」に分類される。

いずれのタンパク質も脂質二分子膜を自由に移動できるので，あたかもリ

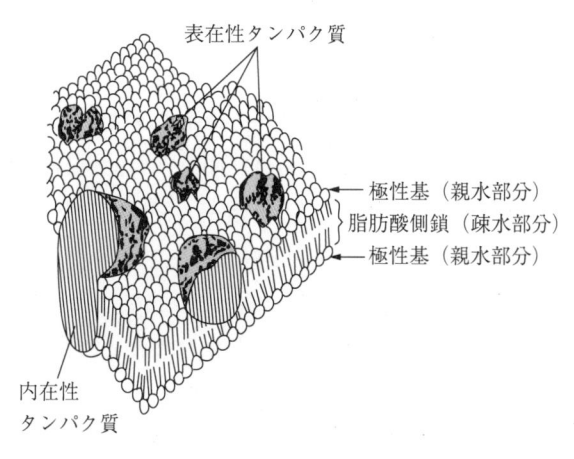

図 2-25 生体膜の流動モザイクモデル

ン脂質二分子膜の海の中にタンパク質が氷山のように浮いているとたとえられ，図2-25は流動モザイクモデルと呼ばれる[3]。生体膜は，外界との境界として，タンパク質やその他の生体物質が失われるのを防ぐほかに，物質の輸送，エネルギーおよび情報変換，膜酵素による物質代謝などの機能をもつ。

第4節　親から子に伝わるもの：核酸の化学

1. 核酸の種類と構造

(1) 核酸は2種類ある

核酸 (nucleic acid) は，細胞の核から分離された酸性物質という意味で核酸と名付けられ，すべての細胞やウイルスに存在する。核酸は2種類に大別され，それらはデオキシリボ核酸 (deoxyribonucleic acid, DNA) とリボ核酸 (ribonucleic acid, RNA) である。DNAは遺伝子の本体で，遺伝情報の保持と発現，および後の世代への伝達の役割をもつ。一方，RNAは構造的にも機能的にも多様であり，DNAの遺伝情報にしたがってタンパク質が生合成さ

れるときに様々な役割を演ずる。

(2) 核酸の構造

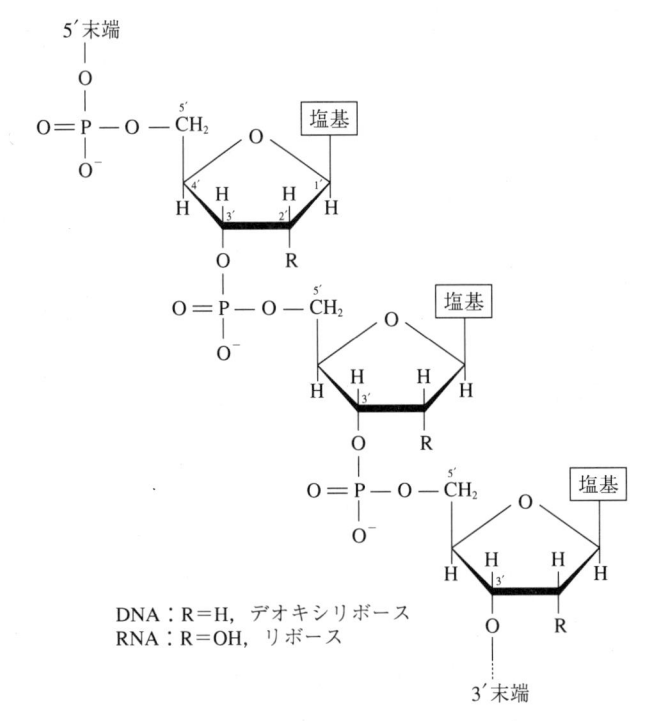

核酸は糖，塩基，およびリン酸の3成分から成るヌクレオチドを構成単位とするヌクレオチドのポリマーである（図2-26）。DNAでは糖として2-デオキシ-D-リボースを含むが，RNAはD-リボースを含む。両者においては塩基（4種類）も若干異なる。プリン塩基と呼ばれるアデニン（A）およびグアニン（G）はDNAおよびRNAの両方に含まれるが，ピリミジン塩基と呼ばれるシトシン（C）とチミン（T）がDNAに含まれるのに対し，RNAに含まれるピリミジン塩基はシトシンとウラシル（U）である。要するにDNAとRNAでは，3種類の塩基は同じで，4番目の塩基が異なることになる（図2-27）。さらに興味あることには，DNAではAとT，GとCの数

図 2-26 核酸の構造

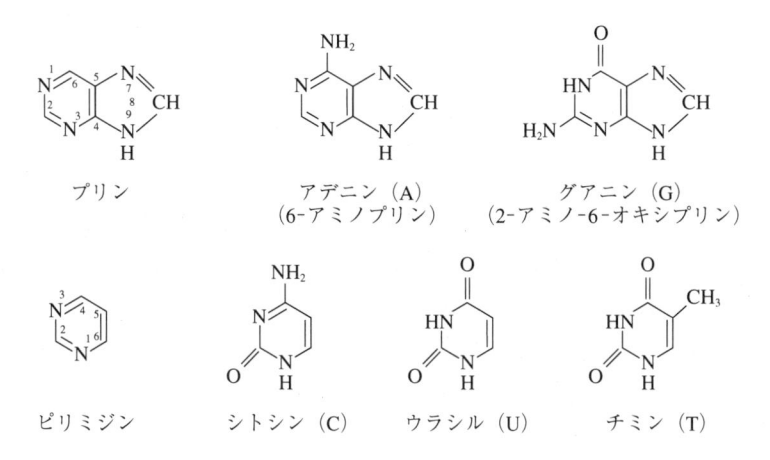

図 2-27 プリン塩基およびピリミジン塩基

は等しい。

　DNA では4種類の塩基 (A, T, C, G) が ATCGGCTAGTA……と延々と並んでおり，真核細胞では分子量 10^{10} 以上の巨大分子 (たとえば，ヒトの一倍数染色体 23 本にある DNA は約 30 億の塩基対から成る) であり，二重らせん分子として存在する。ヒトは約 60 兆個の細胞からできているが，ヒトの細胞に存在する 23 対の染色体 (細胞核に存在) から DNA を取りだし，端から端につなぐと，細胞 1 個あたり約 2 m になるという。細胞核は数ミクロン〜数十ミクロン (ミクロン=10^{-6}m) なので，2 m もの DNA が細胞核内に折りたたまれて存在するということは，DNA がきわめて圧縮した形で核の中に存在することを示している。一方，RNA は DNA より小さく，分子量が 3 万〜200 万であり，単鎖分子として存在する。

(3) DNA の二重らせん構造

　1953 年，ワトソン (James D. Watson, 1928-) とクリック (Francis H. C. Crick, 1916-) は，DNA が右巻きの「二重らせん」構造であることを発表した[4]。すなわち，2 本の DNA の鎖は逆平行 (反対向き) で，各らせん DNA 鎖の A と T，G と C (T と A，C と G でもよい) が互いに「水素結合」によっ

第 2 章　生体物質の化学　79

て塩基対を形成し，2本の鎖が結びついていることが，Watson-Crick が提唱した DNA 構造の特徴である（図2-28）。この水素結合による2組の塩基対形成を「相補塩基対形成」という。彼らは同時に，DNA の複製の機構として，半保存的複製モデルを提唱した。Watson-Crick による DNA の二重らせん構造の発見は，20世紀の自然科学領域におけるもっとも輝かしい発見の一つといわれている。

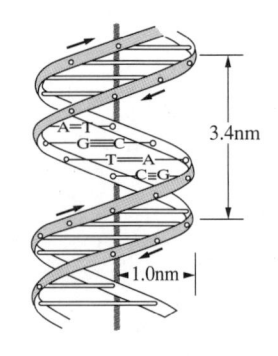

図 2-28　DNA の二重らせん構造

2. 子が親に似るわけは：DNA の複製，タンパク質の生合成の指令

子が親に似ることは誰でも知っている。たとえば，顔の形，目の色，髪の色など親から子に引き継がれていく。これは生物が示す一番基本的な特徴の一つであるが，なぜ子は親に似るのであろうか。それは DNA がもっている機能（DNA 複製，タンパク質の生合成の指令）から説明できる。

(1) DNA は自分自身を複製する：DNA 複製 (DNA replication)

DNA がもつ機能の一つは，自分と同じ分子を複製することである。細胞が分裂するとき，DNA の二重らせん構造にある塩基対の水素結合が切れて，1本ずつの鎖に分かれる。次にそれぞれの鎖が鋳型となって DNA が複製される（図2-29）。そしてこの複製された DNA は後の世代へ伝達される。

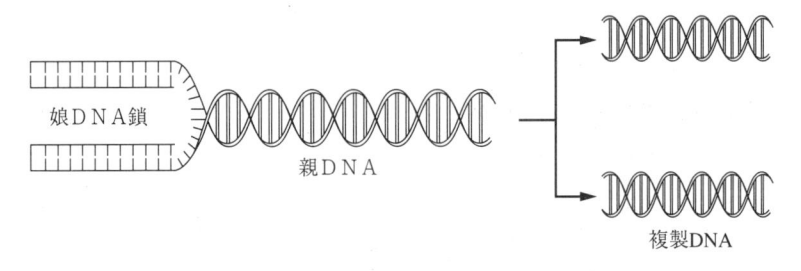

図 2-29　DNA の複製

DNAには遺伝情報が保持されているので，子が親に似るということは，親から子へDNAが受け継がれ，遺伝情報が子において発現することによる。

(2) DNA（遺伝子）はタンパク質の生合成を指令する

ゲノムとは，生物がもっている遺伝情報全体（DNA全体）をいうが，遺伝子とは，実際にタンパク質の生合成を指令するゲノム中のDNAの塩基配列を指す。ヒトの遺伝子の数は，3～4万個で，ヒトゲノム全体の約1.5％である。遺伝子であるDNAが親から子に受け継がれると，なぜ子は親に似るのであろうか。それはDNA（遺伝子）に保存された情報にしたがって，RNAを介して生合成されるタンパク質のはたらきによるからである。DNA上には4種類の塩基が並んでいるが，このDNAの塩基配列がタンパク質の生合成を規定している。すなわち，DNAは，タンパク質の生合成に必要な情報（遺伝暗号）を塩基配列として保存している。これについてもう少し具体的に述べてみよう。

① DNA上の塩基配列の違いにより，アミノ酸の結合順序が定められ，異なったはたらきをもつ様々なタンパク質が合成される。

② 合成された様々なタンパク質によって，生物が示す様々な形質が定められる。すなわち，生物がもつ形質（たとえば，人の場合顔の形，髪の色，皮膚の色など）は，タンパク質によって生みだされる。生物の生物たる活動および特徴において，主役を演じているのはタンパク質である（脂質や糖質は酵素〔タンパク質〕によって合成または分解される）。

③ したがって様々な形質はすべてDNA上の塩基配列の中に「暗号文」として書き込まれていることになる。

3. タンパク質の生合成

タンパク質の生合成は非常に複雑な過程を経て行われるので，詳細は他書にゆずり，ここでは簡単に述べる（図2-30）。

① 目的とするタンパク質の遺伝情報を含む二重らせんDNAがほどけ，DNA鎖と相補的な塩基配列をもつメッセンジャーRNA（mRNA）が合

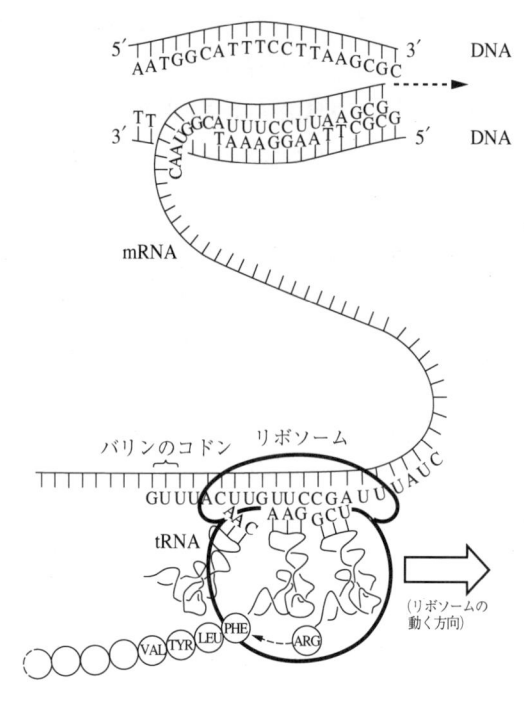

図2-30 タンパク質の生合成

成される（この過程を「**転写**〔transcription〕」という）。

② 真核細胞では，転写されたmRNAは細胞核または細胞質内で転写物の先端が修飾されたり，酵素によって不必要なヌクレオチド鎖（イントロン，介在配列）が除去されて，必要なヌクレオチド鎖（エキソン，構造配列）どうしがつながれる過程（スプライシングという）を経て，成熟mRNAとなる。このように，mRNAが酵素によって限定分解を受けたり，スプライシングを経て，成熟したmRNAに変換されることをプロセシングという。一方，原核細胞では合成されたmRNAは，修飾されずにそのまま利用される。

③ mRNAがリボソーム（タンパク質の生合成の場）と会合し，タンパク質の生合成の開始複合体が形成される。

表2-8 mRNA上のアミノ酸の暗号（コドン）

第一塩基(5'末端)	第二塩基 U	第二塩基 C	第二塩基 A	第二塩基 G	第三塩基(3'末端)
U	UUU, UUC フェニルアラニン(Phe) UUA, UUG ロイシン(Leu)	UCU, UCC, UCA, UCG セリン(Ser)	UAU, UAC チロシン(Tyr) UAA, UAG （終止）	UGU, UGC システイン(Cys) UGA （終止） UGG トリプトファン(Trp)	U C A G
C	CUU, CUC, CUA, CUG ロイシン(Leu)	CCU, CCC, CCA, CCG プロリン(Pro)	CAU, CAC ヒスチジン(His) CAA, CAG グルタミン(Gln)	CGU, CGC, CCA, CGG アルギニン(Arg)	U C A G
A	AUU, AUC, AUA イソロイシン(Ile) AUG メチオニン(Met, 開始)	ACU, ACC, ACA, ACG トレオニン(Thr)	AAU, AAC アスパラギン(Asn) AAA, AAG リシ(ジ)ン(Lys)	AGU, AGC セリン(Ser) AGA, AGG アルギニン(Arg)	U C A G
G	GUU, GUC, GUA, GUG バリン(Val)	GCU, GCC, GCA, GCG アラニン(Ala)	GAU, GAC アスパラギン酸(Asp) GAA, GAG グルタミン酸(Glu)	GGU, GGC, GGA, GGG グリシン(Gly)	U C A G

④ mRNA上のコドン（三連塩基ともいい，一つのコドンが一つのアミノ酸に対応する．表2-8）とアミノアシル-トランスファーRNA（tRNA，特定のアミノ酸をリボソームに運ぶRNAで転移RNAとも呼ばれる）が示す相補的なコドン（アンチコドン）との相互作用により，アミノ酸の配列順序が決められ，ポリペプチド鎖延長因子，ペプチジルトランスフェラーゼ，リボソームRNA（rRNA）などの作用によりペプチド結合が生成する．

⑤ リボソームは1コドン分だけmRNA上を移動して，次のアミノ酸を結合する．これが繰り返されることによりポリペプチド鎖が延長され，タンパク質が合成される．mRNAの終止コドンに達すると，生成したタンパク質はリボソームから遊離する．mRNAの遺伝情報を読み取って，リボソーム上でタンパク質が生合成される過程を「**翻訳**（translation）」という．

4. 大昔はRNAが遺伝子であった：RNAの酵素作用，自己編集

すでに述べたように，ほとんどの生物の遺伝を担う物質はDNAである。RNAではなくDNAが遺伝子としてはたらいている理由は，DNAは2'-OHがないので（図2-26）化学的にずっと安定であることによる。しかし，ウイルスの中にはRNAを遺伝子とするものもあり，地球上に生命が誕生したとき，最初の遺伝子（原始遺伝子）が何であったのかは興味ある問題である。RNAが原始遺伝子であったいう説を支持する事実は，すでにいくつかみつかっている。たとえば，ヌクレオチドと核酸（DNA, RNA）の合成関係をみるとRNAからDNAがつくられること，DNAの複製の際に，それに先立って短鎖のRNAが合成され，これがプライマーとなってDNAの複製が始まること，リボヌクレオチドのほうが重合しやすい性質をもつことなどである。最近，RNAの原始遺伝子説を一層強く支持する事実がみつかった。すなわち，原生動物の一種であるテトラヒメナのリボソームRNA，菌類のミトコンドリアRNAおよび大腸菌由来のRNAが，酵素活性と自己編集機能（セルフスプライシング）を示したことである。これはタンパク質以外の生体物質が酵素活性を示した最初の発見であり，上記のRNAは「リボザイム」と呼ばれる[5]（図2-31）。

さらに，リボザイムによって切りだされたイントロン（介在配列）にRNA断片を結合させる酵素活性があることもみいだされた。以上の事実より，生命のRNA起源説は次のように説明されている。

① 生命の起源において，まず自己複製能力のある小さなRNAができ，そのRNAが重合や切断を繰り返し長いRNAになった。

② RNAはそのうち，特定のアミノ酸の配列を指定するようになった（RNAが遺伝暗号を保持する）。

③ 逆転写酵素が出現し，RNAのもっている情報（遺伝暗号）がDNAに写しとられ，DNAがよりRNAより安定なため，DNAに遺伝暗号が保存され，今日に至った。これまでは酵素作用をもつ生体物質はタンパ

図2-31 リボソームRNAの自己編集機能

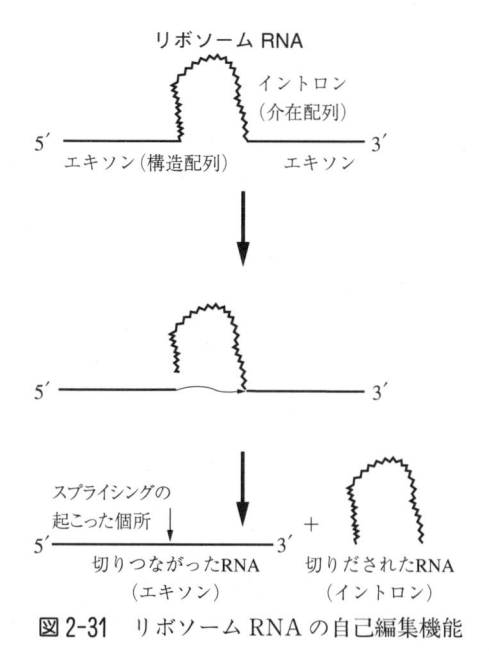

ク質だけであったが，RNAも酵素作用をもつことがわかり，RNAの研究領域がますます盛んになろうとしている。

5. 他の生物の仕組みを利用して増える生命体：ウイルス

ウイルス (virus) はビールスとも呼ばれ，大きさが20〜300 nm，核酸とタンパク質から成る簡単な粒子である。自力では子をつくりだすだけの遺伝情報を核酸 (DNAまたはRNA) にもっておらず，他の生物の細胞に入ってそこにある仕組みを巧みに利用して子をつくりふえていく。すなわち，宿主細胞の酵素で複製される「寄生性増殖因子」である。

(1) ウイルスの分類

ウイルスは宿主（細菌，植物，動物）の違い，ウイルスのゲノム（ウイルス種を規定する遺伝情報がおさめられている核酸分子を指す）の構造（2本鎖DNA，1本鎖DNA，2本鎖RNA，1本鎖RNA），エンベロープ（脂質二分子膜と糖タンパク質より

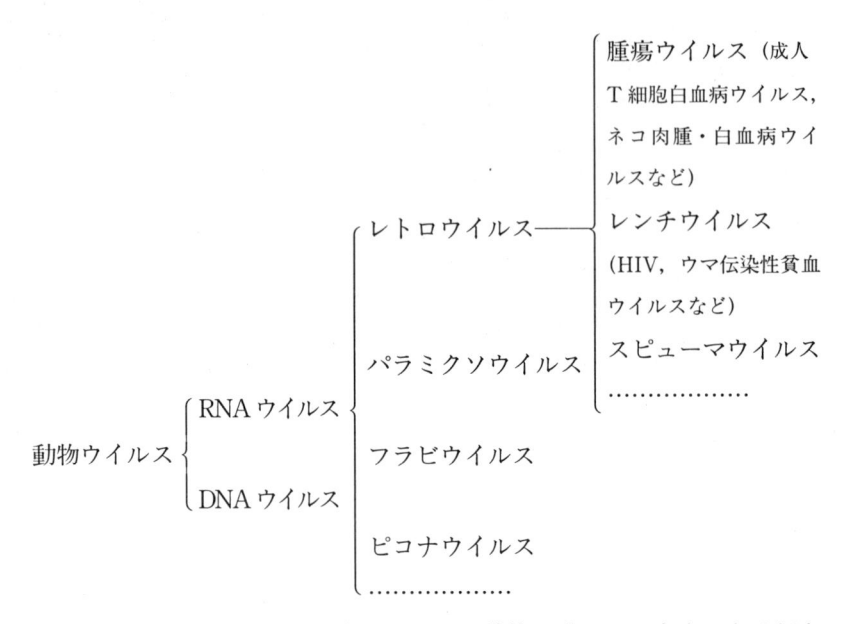

動物ウイルス ┬ RNA ウイルス ┬ レトロウイルス ┬ 腫瘍ウイルス（成人T細胞白血病ウイルス，ネコ肉腫・白血病ウイルスなど）
　　　　　　│　　　　　　│　　　　　　├ レンチウイルス (HIV，ウマ伝染性貧血ウイルスなど）
　　　　　　│　　　　　　│　　　　　　└ スピューマウイルス …………
　　　　　　│　　　　　　├ パラミクソウイルス
　　　　　　│　　　　　　├ フラビウイルス
　　　　　　│　　　　　　└ ピコナウイルス …………
　　　　　　└ DNA ウイルス

成る）の有無による分類などがある。上に，動物ウイルスの大まかな分類を示す。

(2) **レトロウイルス** (retrovirus)

1本鎖RNAをゲノムとするウイルスで，RNA遺伝子を2本鎖DNAにかえる「逆転写酵素」をもつことが特徴である。レトロウイルスは，20世紀のはじめニワトリに肉腫をつくるウイルスとして発見され，感染した細胞を殺すことはないが，細胞を腫瘍化することが多いので，RNA型腫瘍ウイルスとも呼ばれる。たとえば，レトロウイルスはヒト成人T細胞白血病，マウス乳がんおよびネコ，マウス，ウシ，サルの肉腫および白血病の原因となる。

(3) **エイズ（後天性免疫不全症候群）**

エイズ (AIDS, acquired immunodeficiency〔または，immune deficiency〕syndrome)は，現在世界的に問題となっている病気で，性交渉，消毒されていない注射針の使用，輸血，血液製剤，臓器移植などによって感染するほか，エイズ患者の母親から生まれる子供への感染（母子間感染）も知られている。

エイズに有効なワクチンや抗ウイルス剤などがないことや，エイズに関する正しい情報や教育の不足のため，世界的にますます患者数は増えつつある。エイズを引き起こすウイルスはヒト免疫不全ウイルス (human immunodeficiency virus, HIV) と呼ばれ，レトロウイルスの一種であるレンチウイルス（レンチとは遅いの意味）に属する。以下，HIV の特徴について述べてみよう。

① HIV は，直径 100〜140 nm，1 本鎖 RNA（遺伝子），様々なタンパク質（エンベロープ糖タンパク質，コア〔芯〕タンパク質），逆転写酵素，脂質二分子膜から成る（図 2-32）。HIV にはエンベロープ糖タンパク質などの構造タンパク質や逆転写酵素をつくる遺伝子のほかに，HIV の増殖促進や制御，細胞破壊などに関する遺伝子がみつかっている。しかし，抗体の攻撃目標となるエンベロープ糖タンパク質 (gp 120) の遺伝子はきわめて変異しやすいので，HIV は免疫監視機能からのがれる。そのため，ワクチンによるエイズ予防が難しい。

② HIV はヒトの白血球の一種であるヘルパーT細胞（抗体の産生を増強す

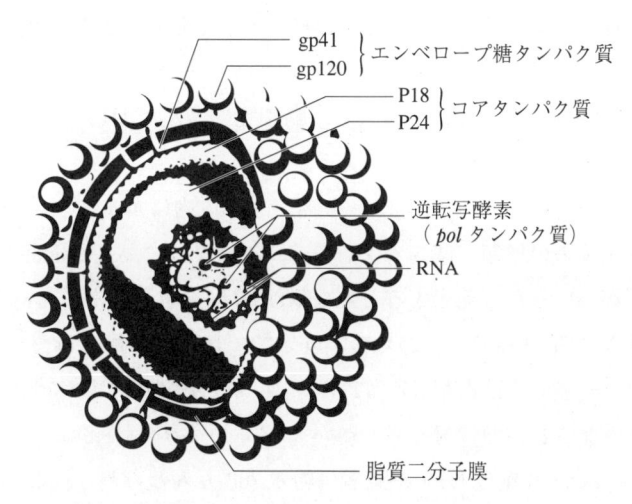

図 2-32 HIV の模式構造図（『AIDS の臨床』医学書院，1987 年，より）

る作用)に入り込み,逆転写酵素をつかって遺伝子 RNA から2本鎖 DNA をつくる。この2本鎖 DNA はヘルパー T 細胞の核内 DNA 中に組み込まれ,HIV はじっと潜む。これを HIV 感染といい,HIV 感染者は HIV キャリア,またはエイズウイルスキャリアと呼ばれる。このときはまだエイズの臨床症状はなく,HIV キャリアは外見上健康であるが,エイズを他人に移す可能性をもっている。

③ HIV の潜伏期間は 2〜10 年であり,何らかの刺激により宿主細胞の酵素系を借用して子孫ウイルスの RNA やウイルス構造タンパク質をつくる。これらが一緒になって HIV がつくられ,出芽の形で放出される。このときヘルパー T 細胞は破壊される。

④ ヘルパー T 細胞の減少に伴い,免疫機能の低下が起こりいろいろな臨床症状が出てくる。たとえば,発熱,寝汗,体重減少,下痢,疲労感,リンパ節の肥大などである。免疫機能の低下と特に関係が深いのは,日和見感染(普通の健康人では感染しにくいが,抵抗力が著しく低下したときに病原性の低い微生物によって起こる感染症)である。もっとも多いのが,原虫ニュウモシスチス・カリニによるカリニ肺炎で,その他,口腔カンジダ症,サイロメガロウイルス感染症,結核などを生じる。また,カポシ肉腫,悪性リンパ腫なども生じる。HIV はヘルパー T 細胞のほかに,マクロファージや脳の細胞にも侵入し,脳細胞に潜んだ HIV のために痴呆などの脳神経障害が出ることもある。

⑤ HIV キャリアのうち,15〜30% が 5 年以内にエイズを発症する。感染ウイルスの種類,個人の生活様式,年齢などによって発症の割合が異なるが,いったん発症すると死亡率は 80% 以上と非常に高い。

⑥ HIV は生体外ではきわめて不安定で,日常的接触では感染しない。また,一般的な消毒剤(50% アルコール,0.3% 過酸化水素水など)で容易に不活性化され,熱に対しても弱い(56℃,10 分で不活性化)。

2002 年末で,世界の HIV 感染者は約 4,200 万人といわれ,これまでにエイズによる死亡者数は 1,600 万人以上に達している。感染者は地域別では,

サハラ砂漠以南のアフリカ諸国が2,900万人で全体の約70％を占めている。最近南アジアや東南アジアにおいて感染者が増え，特に中国で感染者が急増している。今後対策を講じなければ中国では2010年までに1,000万人以上が感染すると推定されている（2002年現在の中国の感染者は約100万人）。1991年ごろまではエイズの治療薬が限られていたが，それ以降HIV逆転写酵素を阻害する薬やHIVプロテアーゼを阻害する薬（HIVは構成成分の一つとしてタンパク質を必要とするが，タンパク質を切り刻んでタンパク質の数を増やし，HIVを増殖させるために必要な酵素がHIVプロテアーゼである）が開発され，現在これらの薬を3種類併用すると長期にわたり，HIVを抑える効果が出ている。しかし，きちんと服用しないと薬に耐性なHIVを生じるので，厳密に服用することが重要である。エイズの予防にはエイズに関する様々な情報と十分な教育が必要であり，特に性行為感染症としてのエイズへの対応が求められている。

〈引用文献〉
1) J. Dyerberg, H. O. Bang, E. Stoffersen, S. Moncada, and J. R. Vane, *Lancet*, II, **117**, 1978.
2) N. Yamamoto, M. Saitoh, A. Moriuchi, A. Nomura, and H. Okuyama, *J. Lipid Res.*, **28**, 144, 1978；藤本健四郎『食の科学』, **161**, 41, 1991.
3) S. J. Singer and G. L. Nicholson, *Science*, **175**, 720, 1972.
4) J. D. Watson and F. H. C. Crick, *Nature*, **171**, 737, 1953.
5) S. Altman, M. Baer, C. Guerrier-Takeda, and A. Vioque, *Trends Biochem. Sci.*, **11**, 515, 1986；T. R. Cech, *Science*, **236**, 1532, 1987.

〈参考文献〉
1. 今堀和友・山川民夫編『生化学辞典』第3版，東京化学同人，1998年
2. ヴォート，田宮信雄・村松正美・八木達彦・吉田弘訳『ヴォート生化学（上，下）』第2版，東京化学同人，1996年
3. 日本生化学会編『新生化学実験講座』1〜5巻，東京化学同人，1990〜1993年

4．飯田真・加藤陽一・神谷功・窪田種一・宮内憲一・山本良子『生活の基礎化学』東京教学社, 1992 年
5．鹿山光編『総合脂質科学』恒星社厚生閣, 1989 年
6．伊藤俊子・今井弘・金井克至・滝山一善・水野謹吾『基礎の化学』改訂版, 培風館, 1989 年

第3章 人と環境の化学

第1節　環境を蝕む化学物質

1. レイチェル・カーソンと『沈黙の春』

　化学の進歩は多種多様な化学物質の合成を可能にし，合成された化学物質は人間の生活の向上に貢献してきた。たとえば，合成染料，合成繊維および化学肥料などが，われわれの生活に便利さと豊かさをもたらしたことは否定できない。また一方では，われわれは生活の向上のため，たくさんのエネルギーを消費してきた。しかし，われわれは化学物質が自然環境とそこに棲息する生物へ及ぼす影響をこれまであまり考慮しなかったし，考慮したとしてもその影響を過小に評価してきた。さらに，エネルギーの生産に伴う大気汚染など環境問題に注意を払わなかった。その結果，いつのまにか様々な生活環境の破壊が起こり，それによって精神的，肉体的および経済的な被害，すなわち公害がわれわれにもたらされ，多くの人が犠牲になった。数々の公害問題を経験したことにより，われわれは現在では化学物質のヒトの健康や環境に及ぼす影響についての関心は非常に高いが，1950年代後半からすでに化学物質（特にDDT〈p,p'-ジクロロジフェニルトリクロロエタン〉およびBHC〈ベンゼンヘキサクロリド〉に代表される有機塩素系農薬，有機リン酸系農薬など）（図3-1）の生体蓄積とそれらの健康に及ぼす影響や化学物質による生態系の破壊などに気づき，化学物質による環境汚染・破壊を訴えていた人がいたことを忘れてはならない。

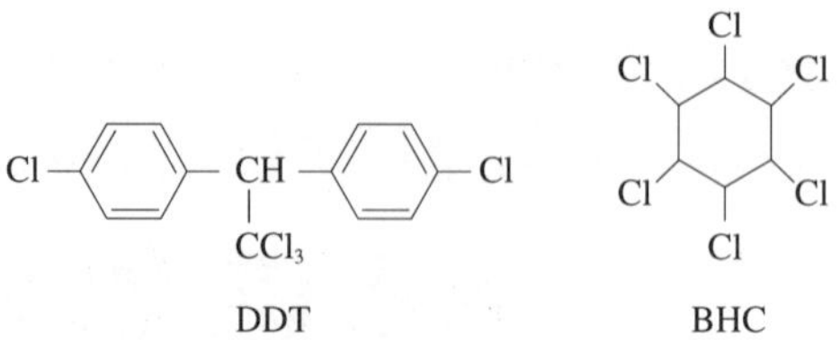

図 3-1　DDT および BHC の構造

　すなわち，その人は化学物質と環境および健康に関する問題のみならず，科学文明が抱える危うさについても警鐘を鳴らした．いわば化学物質の暗い部分（影の部分）を暴露したともいえよう．その人こそ，アメリカの海洋生物学者で，環境（公害）問題または生態学（エコロジー，ecology）のパイオニア（先駆者）と呼ばれるカーソン（Rachel Carson, 1907-1964）である．環境問題を論じた彼女の著書『**沈黙の春**（*Silent Spring*）』が 1962 年に出版されるやいなや，科学者の間においてのみならず一般社会においても多くの反響を呼び，この本は多くの国々で翻訳されベストセラーとなった．この本は環境保護主義の柱石またはバイブルともいわれ，アメリカ政府はこれを高く評価し，その結果環境保護局（庁）(Environmental Protection Agency, EPA と略）が設立された．このようにいち早く化学物質による自然環境への影響を指摘したカーソンの先見性をあらためてみなおすとともに，日本における公害の歴史を簡単に解説してみよう．

2.　日本の公害の歴史

　現生人類が 3～4 万年前に誕生して以来，石器時代，青銅器時代，鉄器時代を経て今日に至るまで人類は様々な技術を開発し，今日の文明を築いている．現在は石油時代の最中で，一応高度文明社会といえるであろうが，現在よりもさらにいろいろな分野における科学技術の発展が期待され，将来はもっと便利で豊かな生活になるだろうと誰もが予想している．このように科学技術は年月とともに進歩してきたが，それといつも付随してきたのは自然破壊（環境破壊，生態系の破壊）である．特に，18 世紀半ばに起こった産業革命

以降，鉱物資源の開発，石炭・石油の消費，様々な工業製品の生産と開発が進み，公害問題が多発した。ここではわが国のこれまでの主な公害問題をとりあげる。

(1) **足尾鉱山鉱毒事件**

栃木県にある足尾鉱山は，江戸時代から銅を生産していたが，明治政府の産業育成政策により，1884 (明治17) 年ごろからこの鉱山 (鉱業会社：古河鉱業) の銅の生産量は急激に増大した。そのため有毒物 (主として銅分) を含む鉱山排水や堆積場に捨てられた銅を多く含む鉱石から溶けて流れ出た銅分が渡良瀬川に流れ込んだので，流域の水田・畑および渡良瀬川の漁業資源に大きな被害を与えた。さらに，銅を精練するときに排出される二酸化硫黄 (亜硫酸ガス) が周辺の山々の森林に大きな被害をもたらしたので，洪水が頻発し，住民は鉱毒と洪水の二重苦に苦しんだ。この鉱毒事件は 1890 (明治23) 年から大きな社会問題となり，以後約 20 年争われた。栃木県選出の衆議院議員であった田中正造 (1841-1913) は農民や漁民のために国会でこの公害問題を追及したが，明治政府のこの問題への対応は十分でなかった。そのため田中は議員を辞してまでさらにこの公害問題に取り組んだ。しかし，1897 (明治30) 年「鉱毒予防工事命令」が出されたものの，鉱毒問題を治水 (洪水防止) 名目に切り替えた政策が実行され，鉱毒事件は解決されないまま終わった[1]。その結果，たとえば渡良瀬川流域の村の一つで，肥沃な土地で作物に恵まれ，漁獲量も豊かであった人口 2,700 人の谷中村は鉱毒のため亡んだ。この鉱毒事件は，日本の公害訴訟運動の原点として長く記憶されるものである。

(2) **イタイイタイ病**

1950 年代半ばごろから，富山県の神通川流域の婦中町に住む人々のうち，比較的高齢な農家の女性に背骨，手足の骨などが痛み (咳やくしゃみをしただけであちこちの骨に激痛が走り，イタイイタイ病の名前はその痛みの激しさに由来)，さらに骨が弱くなって容易に骨折する病気が多くみられた。この病気の原因を調べた結果，上流にある三井金属鉱業 (株) 神岡鉱業所の鉱山排水に含まれ

ていたカドミウムが神通川に流れ込んだために米がカドミウムによって汚染され，汚染米を食べた人にイタイイタイ病が発生したことがわかった。カドミウムは人にとって有毒金属であり，摂取するとまず肝臓にカドミウムが蓄積し，その後腎臓に移行する。一定以上のカドミウムが腎臓に蓄積すると尿細管の膜が傷つき，腎臓の機能障害（カルシウム代謝障害など）を引き起こし，最終的には腎不全で亡くなることがわかった。1968（昭和43）年イタイイタイ病は公害病第1号に認定されたが，それまでの患者数は500人以上，亡くなった人は100人以上にのぼった。同じく1968年患者側より公害訴訟が起こされ，1972（昭和47）年にイタイイタイ病の原因はカドミウムによることが裁判で認められた。1970（昭和45）年には，「農用地の土壌の汚染防止等に関する法律」が制定され，カドミウム汚染米問題は一見沈静化したようにみえるが，ときどきカドミウム濃度の高い米が検出され問題となっている。これは，ニッケル・カドミウム電池製造工場，ゴミ焼却場，廃棄物埋め立て地，鉱山・精練所などからの排煙や排水にカドミウムが含まれ，それが農地を汚染したためである。

(3) 水俣病

1953（昭和28）年ごろから熊本県水俣湾沿岸でとれた魚介類を食べた人に，言語障害，運動障害，難聴，四肢麻痺などの神経障害が現れ，死者も出た。この病気の原因は，新日本窒素肥料（株）（後にチッソと社名を変更）水俣工場の廃液中に含まれていた有機水銀*（メチル水銀）によることが判明した。湾内に排出されたメチル水銀は魚介類に蓄積・濃縮され，この汚染魚介類を摂取した人の体内にメチル水銀が蓄積し病気を引き起こした。メチル水銀は母親を通じて胎児にも影響を与え，胎児の発育障害，脳障害を引き起こすなど日本の公害史上もっとも大規模な問題へと発展した。水俣病は1968（昭和43）年に公害病と認定されたが，認定を申請した約1万7,000人のうち，こ

---

* アセチレンからアセトアルデヒドを生産するときに無機水銀が触媒として使われるが，無機水銀の一部が生産工程で有機水銀（メチル水銀）に変わり，無機水銀とともにメチル水銀が工場廃液に含まれていた。

れまでに認定された患者数は2,265人であり，死者は772人であった。1956 (昭和31) 年に水俣病が公式に確認されながら，公害病認定まで12年もかかった理由は，通産省や厚生省 (いずれも当時名) などの国の機関やチッソの対応の遅れおよび日本化学工業協会による中央の学者や学会の権威を利用した水俣病の沈静化の運動など (これによって原因究明が遅れた) によると報告されている[2]。1969 (昭和44) 年患者側による公害訴訟が起こされ，1973 (昭和48) 年原告患者側が勝訴した。水俣病と認定されなかった患者は早期の賠償を求めて第二次訴訟を起こし，国，熊本県および企業の責任を追及したが，訴訟は長引き，ようやく1996 (平成8) 年ほとんどの訴訟において和解が成立した。しかし，今もなお水俣病後遺症で苦しんでいる人が多い。さらに，世界のあちこちで有機水銀汚染問題が発生しており，有機水銀汚染は顕在化の傾向を示している。

(4) 新潟水俣病

1965 (昭和40) 年新潟県阿賀野川下流域に住む人々にも，メチル水銀による新潟水俣病 (第二水俣病) が発生した。これは，昭和電工 (株) 鹿瀬工場がメチル水銀 (これもアセトアルデヒドの生産工程で生成) を含む廃水を川に放出したことによる。1967 (昭和42) 年患者側が提訴し，1971 (昭和46) 年に原告患者側の勝訴となった。しかし，1982 (昭和57) 年水俣病の場合と同様に，未認定患者が第二次訴訟を起こして，国と企業の責任を追及したが，責任があいまいのまま1996 (平成8) 年に政府の最終解決策で和解した。

(5) 四日市喘息

三重県四日市市にはわが国最大の石油化学コンビナートがあるが，1960年代に高度経済成長期を迎え，重化学工業が盛んになった。各工場の煙突からは，石炭，石油の燃焼によって硫黄酸化物 (SO_x, 主成分は二酸化硫黄) が大量に排出され，大気汚染の原因となった。さらに，工場排水によって近辺の川の漁業も被害を受けた。大気汚染によって気管支喘息で苦しむ人が増えはじめ (四日市喘息)，1967年患者による損害賠償請求訴訟が起こされ，1972年原告が勝訴した。同年四日市喘息は公害病に認定された。四日市喘息訴訟を

きっかけとして，大気汚染を防止する「大気汚染防止法 (1968年制定)」，汚染物質を排出する企業の費用負担で，公害認定患者の補償給付を行う「公害健康被害補償法 (1973年制定)」などの公害関係法が制定・施行され，公害対策が進んだ。

(6) 川崎喘息

四日市市と同様，戦後川崎市にも火力発電所や石油コンビナートが建設され，重化学工業の中心となったが，工場から排出されるSO_xと窒素酸化物 (NO_x) および工業地帯に出入りする車から排出されるNO_xにより大気汚染が進んだ。そのため，川崎喘息に苦しむ人が増え (公害病認定患者数：2,800人以上)，1982年患者とその遺族が提訴し，1994 (平成6) 年に工場排煙と疾病との因果関係が認められ賠償命令が下されたが，車の排気ガスとの因果関係は認められなかった。しかし，排気ガスについてはさらに訴訟が起こされ，1998 (平成10) 年排気ガスに含まれるNO_xと浮遊粒子物質 (Suspended Particulate Matter〔SPM〕とも呼ばれる) による健康被害が裁判によって認定され，1999 (平成11) 年自動車の排気ガスについては国と首都高速道路公団が環境改善することで和解が成立した。四日市市や川崎市のほかに，東京都，大阪市，千葉市，尼崎市などの都市においても大気汚染による健康被害の損害賠償の訴訟が起こされており，和解が成立したり，現在裁判中 (汚染物質の排出差し止め，患者の公害病認定などが争点) のものがある。このように大気汚染による公害問題は跡を絶たない。

現在，工場の排水対策，排煙対策 (脱硫装置，脱硝装置の設置，硫黄分のない液化天然ガスまたは硫黄分の少ない石油の使用など) は進み，以前よりは周囲の環境は改善されている。上に述べた公害問題からわれわれが得た教訓は次のようにまとめることができる。われわれが生活向上のために産業の拡大・発展を目指すとき，必ず「環境とそこに棲息する人間をふくめた生物の安全性」が十分に保障されることを確かめたうえで，われわれはそれを実行に移すようにしなければならない。

第2節　地球規模の環境問題

1. 皮膚がんが増える：フロンによるオゾン層の破壊とその影響

(1) フロンとは

　フロンの正式名はクロロフルオロカーボン (chlorofluorocarbon〔CFC〕, 別名ハロカーボン）といい，アメリカのデュポン社が開発した炭素，フッ素および塩素から成る化合物であり，デュポン社の商品名であるフレオンという名前も使われている。フロンは，①不燃性で，熱に対して安定，②金属（鉄，銅，スズ，アルミニウムなど）に対して腐食性がない，③優れた溶解能をもつ，④電気絶縁性が高い，⑤毒性が低い，などの特徴があり，日常生活においてきわめて用途の広い化合物である（表3-1）。このようにフロンは夢の化合物といわれ，1960年代から1970年代後半まで生産量と消費量は増え続けたが，フロンの地球環境に及ぼす予想外の影響が指摘された。

(2) フロンによるオゾン層の破壊

　1974年，カリフォルニア大学のローランド（Frank S. Rowland, 1927- ）らは，「冷蔵庫，エアコン，エアゾール製品の噴射剤などに使われているクロ

表3-1　主なフロンとその用途

一般名	分子式	沸点(℃)	用途
フロン 11　(CFC-11)	$CFCl_3$	23.8	⎫ 冷蔵庫，エアコン，
フロン 12　(CFC-12)	CF_2Cl_2	−29.8	⎬ エアゾール製品の噴射剤，
フロン 13　(CFC-13)	CF_3Cl	−81.4	⎭ ポリウレタンフォーム
フロン 113　(CFC-113)	$CFCl_2CF_2Cl$	47.6	半導体，精密機械の洗浄
フロン 114　(CFC-114)	CF_2ClCF_2Cl	3.6	⎫
フロン 115　(CFC-115)	CF_2ClCF_3	−38.7	⎬ 冷蔵庫，エアコンなど
フロン 22　(HCFC-22)	CHF_2Cl	−40.8	⎫
HCFC-123	$CHCl_2CF_3$	29.0	⎬ 代替フロン
HFC-134 a	CH_2FCF_3	−26.0	⎫
フロン 23　(HFC-23)	CHF_3	−82.0	⎬ 新代替フロン

ロフルオロカーボン（フロン）は大気中に放出された後化学的に安定のために成層圏に蓄積し，光分解によってクロロフルオロカーボンから生じた塩素が成層圏のオゾンを減少させる。その結果，有害な紫外線が地表に到達し，皮膚がんなどの原因となる」と警告した[3]。ローランドはこのオゾンの生成および分解に関する研究により，1995年，マサチューセッツ工科大学のモリーナ（Mario J. Molina, 1943- ）およびドイツのマックスプランク化学研究所のクルッツェン（Paul Crutzen, 1933- ）とともにノーベル化学賞を受賞した。

オゾン O_3 は大気中に微量含まれるが，成層圏の25～30 km（オゾン層という）にもっとも多い（図3-2）。太陽光には，赤外線（infrared rays〔IR〕，波長：800 nm～4 μm），可視光線（visible rays，波長：380～800 nm）および紫外線（ultraviolet rays〔UV〕，波長：380 nm以下）が含まれているが，紫外線がもっ

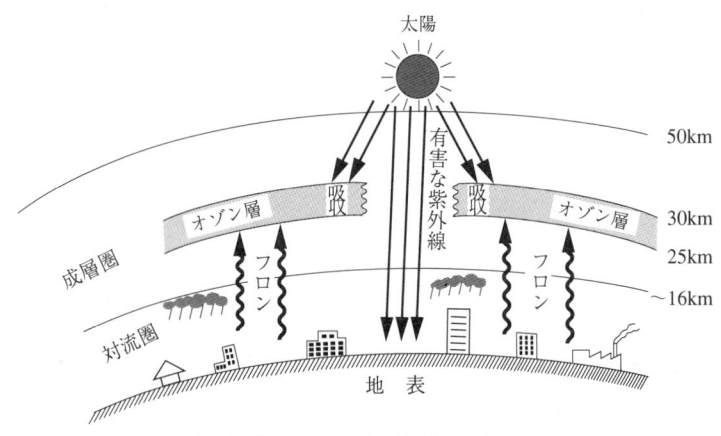

図3-2 オゾン層と紫外線の関係

表3-2 紫外線の種類と特徴

	種類	波長（nm）	特徴
紫外線	A紫外線（UVA）	320～380	日焼けを起こす
	B紫外線（UVB）	280～320	ほてりや水疱をつくる
	C紫外線（UVC）	190～280	地表に到達しない
	真空紫外線（vacuum C）	100～190	地表に到達しない

ともエネルギーが強く，その生物学的作用により4種類に分けられる（表3-2）。C紫外線（UVC）および真空紫外線はそれぞれ，オゾン層および酸素によって吸収され地表に到達しないが，B紫外線（UVB）の一部は地表に到達している。UVBの中で波長が305〜310 nm領域の紫外線は生体にとって有害で，皮膚がんと関係が深いといわれており，オゾンはこの領域の紫外線をよく吸収し地球上の生物を保護している。ローランドらの発表は大きな反響を呼び，フロンによる地球環境破壊問題が注目をあびるようになった。

(3) フロンによるオゾン層破壊の反応式

次の反応式は成層圏のオゾンO_3の生成および成層圏に達したフロンによるオゾンの分解を示す。オゾンは短波長紫外線の作用により酸素から生成する（反応式(1)〜(2)）。この反応により，太陽からの有害な紫外線の99％が吸収される。成層圏に達したフロンは短波長紫外線により分解され，反応性に富んだ塩素が生成する（反応式(3)）か，または励起状態の酸素原子とフロンが反応してClOが生成する（反応式(4)）。こうして生じた塩素やClOがオゾンを連鎖反応で破壊する（反応式(5)〜(6)）。

$$O_2 \xrightarrow{\text{短波長紫外線}} O + O \qquad (1)$$

$$O_2 + O \longrightarrow O_3 \qquad (2)$$

$$\underset{\text{フロン}}{CFCl_3(CF_2Cl_2)} \xrightarrow{\text{短波長紫外線}} CFCl_2(CF_2Cl) + Cl \qquad (3)$$

$$CFCl_3(CF_2Cl_2) + O \longrightarrow CFCl_2(CF_2Cl) + ClO \qquad (4)$$

$$O_3 + Cl \longrightarrow ClO + O_2 \qquad (5)$$

$$ClO + O \longrightarrow O_2 + Cl \qquad (6)$$

(4) オゾン層の減少状況とその影響

ローランドらが指摘したように，成層圏のオゾンは減少しており，アメリカ航空宇宙局（National Aeronautics and Space Administration, NASA）の調査結果によると，1969年〜1986年の17年間に地球の全オゾン量は2〜3％減少した。それ以降現在まで約3％減少しているといわれる。さらに1970年代

後半から南極の春(10月ごろ)にオゾン量が減少する傾向がみられ,1985年,南極の春において上空のオゾン層に大きな穴(オゾンホール)が開いていることが発見され(オゾンが40％減少),2000年の観測ではオゾンホールの面積は南極大陸の2倍以上になっていた(図3-3)。これはこれまで観測されたオゾンホールの中で最大級であることがわかった。この観測結果は,大気中に放出されたフロンが下部成層圏に引き続き高濃度で存在していることを示している。しかし,2002年9月の観測では,オゾンホールが過去10年間でもっとも小さくなっているので(南極大陸の面積の約1.3倍),フロンの放出量が減少していることが示された。オーストラリアの研究機関は,2000年をピークにフロンは減少しはじめたことを確認しており,50年後にはオゾンホールは消滅すると予測している。南極のオゾンホールの成因については,太陽活動の活発化や火山ガスなどによるという説もあったが,南極の成層圏でClO濃度が普通の数百倍に高くなっていることが発見されたことなどにより,フロンからの塩素によるという説が支持されている。南極のほかに北極でもオゾンホールが発見されており,1997年春には,北極のオゾン全体量の30％以上が減少していた。わが国の上空においても,たとえば,1996年札幌上空のオゾン量は正常値よりも30％以上少なくなっていることが観測され

| 1985年 | 1992年 | 2000年 |

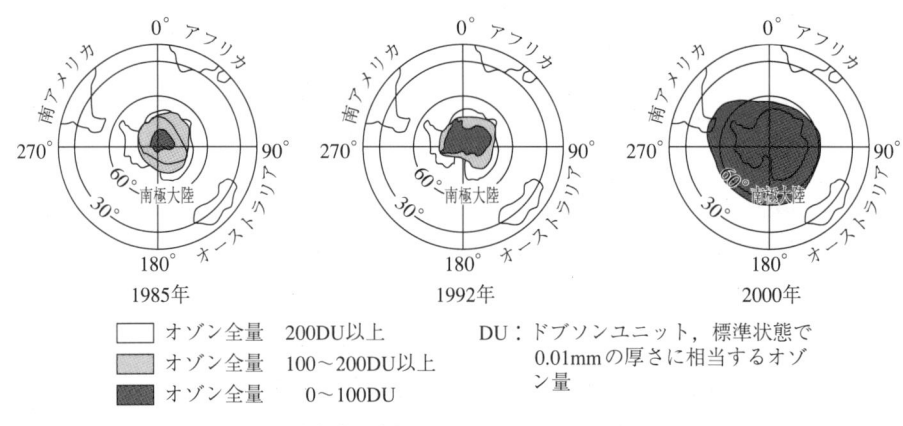

　　□ オゾン全量　200DU以上
　　▨ オゾン全量　100～200DU以上
　　■ オゾン全量　0～100DU

DU：ドブソンユニット,標準状態で0.01mmの厚さに相当するオゾン量

図3-3　南極のオゾンホールの変化

た。

　オゾン層の減少は紫外線の増加をもたらすので，次に示すいろいろな影響が予測されている。

① オゾン層が1％減少すると生体に有害な紫外線が約2％増加し，アメリカの場合皮膚がんの発生率が3～6％上昇するといわれる。このままオゾン層が減少すると，アメリカでは2075年までに4,000万人ががんにかかり，80万人が死ぬという。

② 紫外線の増加は，白内障の多発や免疫抑制を引き起こすといわれ，オゾン層が10％減少すると世界で160～175万人の白内障患者が新たに発生する。

③ 紫外線の増加は，生態系を変化させ，食糧生産が低下する。

(5) フロンによる温室効果

　大気中のフロンの増加がオゾン層破壊のほかに気象的効果，すなわち温室効果を起こすといわれている（第2節3.を参照）。二酸化炭素（炭酸ガス）も温室効果を示す気体であるが，フロンは同量の二酸化炭素よりも7,000倍も高い温室効果を示すので，この点に関してもフロンの影響が懸念されている。

(6) オゾン層保護の対策

　すでに述べたように，フロンはその優れた特性により用途が広く，年々その生産量は増加した（図3-4）。しかし，それが大気中に放出された後のフロンによるオゾン層の破壊が指摘され，南極上空のオゾンホールの発見など地球環境破壊の現実を目の当たりにみると，フロンの生産と使用の規制の声が高まった。そして，オゾン層保護に関する国際協議が開始され，フロンの生産と使用の法律による規制が実施された。以下オゾン層保護の対策の経過をたどってみよう。

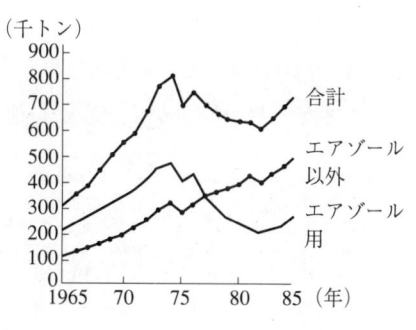

図3-4　世界のフロンの生産量の推移

① 各種エアゾール製品にフロンが含まれているので，アメリカでは環境保護団体によるヘアスプレーの不買運動が起こり，アメリカ政府は1978年，エアゾール製品用のフロンの製造を禁止し，カナダ政府がこれに追随した。1979年，スウェーデンは，フロンを使用したエアゾール製品の製造と輸入を禁止し，1981年，ノルウェーも同じ規制を実施した。日本はフロンの生産設備の増設を凍結する程度の規制に止まった。

② 各国のフロン使用の規制により，1970年代の終わりから1980年のはじめにかけてフロンの大気中への放出量は低くなったが，フロンによる電子部品の洗浄などの新しい用途が開発され，フロンの生産量が再び増加した。

③ 1985年，「オゾン層保護に関する条約」がウィーンで締結されたが，各国の利害が対立し，具体的な規制が盛り込めなかった。しかし，1987年，モントリオールでフロン規制の国際会議が開かれ，**「オゾン層を破壊する物質に関するモントリオール議定書」**が採択された（締結国：35ヵ国と1経済共同体）。この取り決めでは規制の対象をフロン11，12，113，114，115（これらを「特定フロン」という）の5種類とし，消費量を1989年から1年間は1986年の水準に凍結し，かつ，生産量は1986年の水準の100％以下とする。以後，生産量および消費量を1994年までに20％削減，1999年までに50％削減するというものであった。この取り決めでは，特定フロンのほかに3種類のハロン（図3-5参照．臭素を含むフロンで，消火器などに使用されているが，フロンよりも3～11倍オゾン層の破壊能力が高いといわれている）も規制対象となった。

④ オゾン層の減少が予想以上の速さで進行している科学的データが示さ

$$\begin{array}{ccccc} & F & F & F\ F & Cl & H\ Cl \\ & | & | & |\ \ | & | & |\ \ \ | \\ Br-C-F & Br-C-F & F-C-C-F & Cl-C-Cl & H-C-C-Cl \\ & | & | & |\ \ | & | & |\ \ \ | \\ & Cl & F & Br\ Br & Cl & H\ \ Cl \\ ハロン1211 & ハロン1301 & ハロン2402 & 四塩化炭素 & 1,1,1-トリクロロエタン \end{array}$$

図3-5 規制となったハロンおよびその他のオゾン層破壊物

れたので，1989年ヘルシンキでモントリオール議定書の規制強化の国際会議が開かれ，特定フロン全廃宣言が採択された（ヘルシンキ宣言，約80ヵ国以上参加）。この取り決めでは，特定フロンを2000年までのできるだけ早い時期に全廃し，3種のハロンも可能な限り早く全廃し，その他のオゾン層破壊物質（四塩化炭素，土壌殺菌剤の臭化メチル〔CH_3Br〕など）も規制，削減するとしている。

⑤ 1992年，アメリカ，ヨーロッパ共同体および日本は，特定フロン全廃期限を4年繰り上げ，1995年末で特定フロンの生産と消費を打ち切り，1996年時点でゼロにする方針を表明した。特定フロンのほかに，上記3種のハロン，四塩化炭素，1,1,1-トリクロロエタン（金属部品の油落とし剤）も全廃の対象となった。しかし，これらの規制は先進国においてのみ適用され，発展途上国では特定フロンの規制は1999年に開始され，2010年に全廃が適用されることになっている。わが国では，これまで廃冷蔵庫，廃エアコンおよび廃カー・エアコンからの特定フロンの回収が確立されていなかったが，廃車の際は廃カー・エアコンからの特定フロンの回収が義務付けられるようになり（2002年フロン回収・破壊法が施行された），オゾン層保護の対策が遅まきながら始まっている。

(7) **フロンの代替物質の開発**

特定フロンは1996年に全廃となったが，それ以前からフロン代替物質の開発が進められてきた（表3-1参照）。

1) ハイドロクロロフルオロカーボン（HCFC）

分子中に塩素を含んでいても大気中で分解しやすいようにするとともに，同時に水素も含むように開発されたのがHCFCである。従来のフロン（CFC）のオゾン破壊係数を1とすると，たとえばHCFC 22のそれは0.05であり，寿命はCFCの約4分の1（15年）である。しかし，HCFCは，短期間に集中的に塩素を放出する性質をもつので，CFCの理想の代替物質とはなれず，HCFCは1996年から消費量の凍結に入り，2004年には，35％，2010年には，65％，2015年には90％，2020年には99.5％と段階的に減ら

すことになった (1996年の凍結量は，1989年のHCFCの消費量に特定フロンの1989年消費量の3.1%を加えたものである)．

2) ハイドロフルオロカーボン (HFC)

分子中に塩素を含まないフロンとして開発されたのがHFCである．たとえばHFC134aのオゾン層破壊係数は0であり，現在その生産が本格化している．しかし，HFCは，強い温室効果をもつので地球温暖化を加速する．そのため1997年に開かれた地球温暖化防止京都会議でHFCは削減の対象となったので，将来冷媒はHFCからフロン系でない冷媒に切り替わるであろう．

3) 脱代替フロン

フロン系ではない物質の開発が，ヨーロッパや日本でも進められている．ドイツのフォロン社およびボッシュ・シーメンス社は，冷媒としてそれぞれ，ブタン・プロパン混合物およびイソブタンを使った冷蔵庫の生産を始めた．イギリスも同様の冷蔵庫を発売した．ブタン，プロパンおよびイソブタンは可燃性ガスなので，冷蔵庫内に漏れると爆発の恐れがあるが，冷蔵庫内の構造に改良を加え，生産されたわけである．環境保護団体であるグリーンピースは，1992年ドイツのメーカーと共同でイソブタンを使った「緑の冷蔵庫」を発売し (最近，この冷蔵庫は1997年に開催された地球温暖化防止京都会議にちなんでKYOTOと名付けられた)，ドイツのほとんどの家庭では「緑の冷蔵庫」が使われ，ヨーロッパ全体のシェアは30%を超えている．このようにヨーロッパでは，代替フロン使用の冷蔵庫から，炭化水素使用の冷蔵庫への切り替えが進んでいる．日本のメーカー (東芝，松下電器産業，日立製作所) もイソブタンを使った「ノンフロン冷蔵庫」を2002 (平成14) 年に発売した．一方，シャープは，フロンも代替フロンも使わない真空の断熱効果を利用した冷蔵庫を発売した．

2. 緑のペスト：酸性雨の被害

酸性雨が始まったのは，1940年代といわれるが，1950年代に入って，北

欧（スウェーデン，ノルウェー）でその影響が顕著に現れはじめた。たとえば，湖や川の魚が次々と姿を消し，石像などの腐食がどんどん進んだ。1967年，酸性雨の原因解明の父と呼ばれるスウェーデンのオーデン（Swante Oden, ? - 1986）は，1950年以降約20年間に硫黄酸化物（SO_X）および窒素酸化物（NO_X）の降下量が増加し，これによって降水（雨，雪，霧など）のpH（水素イオン濃度指数）が低下（酸性化）したことを指摘した[4]。さらに酸性化した降水（酸性雨）が，水質，土壌，森林，建造物などに大きな被害を及ぼすことを明らかにした。

(1) 酸性雨の生成機構

空気中には二酸化炭素（炭酸ガス）が含まれており，水にいくらか溶け込むので普通の降水は弱酸性（pH 5.6）を示す。そこで，pHが5.6以下の降水を酸性雨と呼んでいる。酸性雨の原因は，SO_XとNO_Xの増加である。石炭および石油には硫黄が含まれているので，これらを燃やすことにより，SO_X（主にSO_2）が生成する。このSO_Xが複雑な化学反応を経て強酸である硫酸に変化し，降水に溶け込んで落下する。一方，自動車の排気ガスおよび工場からの排煙に含まれるNO_X（NO, NO_2, N_2O_4など）はやはり複雑な反応を経て硫酸と同じ強酸である硝酸に変わり，降水に含まれて落下する。SO_XおよびNO_Xは，そのまま酸性微粒子（乾性降下物）となって樹木や地表に付着し硫酸または硝酸に変わることもあるので，これらすべてを含めて酸性雨（acidic deposition〈precipitation〉）と呼んでいる。工業生産の拡大や自動車の増加によって大量のSO_XとNO_Xが生成し，酸性雨の原因となったわけである。

(2) 酸性雨の現状

日本，アメリカ，およびヨーロッパにおける最近の降水のpHは4.3〜4.8であり，酸性雨が恒常化している（図3-6）。これよりもさらに酸性度の高い雨が降ることがあり，たとえば，1984（昭和59）年〜1986（昭和61）年の島根県に降った雨を調べたところ，降りはじめの雨（初期降水）がpH 3.1を記録した。島根県は人口が少ない県であり，大工場がないことから，中国大陸か

第 2 次調査及び第 4 次調査結果
第 2 次平均[1)] 平成 5 年度／6 年度／7 年度／8 年度／9 年度

利尻　4.8/4.9/5.3/＊/5.0/＊
野幌　4.8/4.8/5.0/5.1/5.2/5.3
札幌　5.2/5.1/4.7/4.6/4.6/4.6
竜飛　−/−/4.7/4.9/4.7/4.8
尾花沢　−/−/＊/4.8/4.7/4.7
新潟　4.6/4.6/4.5/4.6/4.6/4.7
新津　4.6/4.6/4.6/4.7/4.5/4.7
佐渡　4.6/4.7/4.7/4.7/4.6/4.8
八方尾根　−/−/4.7/＊/4.7/4.8
立山　−/−/＊/4.8/4.7/4.7
輪島　−/−/4.6/4.6/4.6/4.7
越前岬　−/−/4.5/4.3/4.6/4.6
京都弥栄　−/−/＊/4.7/4.5/4.8
隠岐　4.9/＊/5.1/4.8/4.7/4.8
松江　4.7/4.9/4.8/4.7/4.6/4.9
益田　−/−/4.7/4.6/4.5/4.7
北九州　5.0/4.8/5.2/5.2/5.2/＊
筑後小郡　4.6/4.9/4.7/4.8/4.8/4.9
対馬　4.5/4.8/＊/4.7/4.7/4.8
五島　−/−/＊/4.9/4.7/4.8
屋久島　−/−/4.6/4.6/4.7/4.8
国頭　−/−/＊/4.9/5.1/＊

八幡平　−/−/＊/4.8/4.7/4.8
仙台　5.1/5.3/＊/5.1/5.1/5.2
箟岳　4.9/5.2/4.8/＊/4.8/4.9
筑波　4.7/＊/＊/＊/4.8/4.9
鹿島　5.5/＊/5.6/5.7/＊/5.8
東京　＊/＊/＊/＊/＊/＊
市原　4.9/5.2/5.5/5.3/5.4/5.0
川崎　4.7/5.1/4.7/4.8/5.0/4.8
丹沢　−/−/＊/4.8/4.8/4.9
犬山　4.5/4.7/4.8/4.7/4.7/4.8
名古屋　5.2/5.3/5.4/4.7/4.7/5.0
京都八幡　4.5/4.7/4.7/4.8/4.7/4.8
大阪　4.5/4.8/4.5/4.7/4.7/4.9
潮岬　−/−/4.6/4.6/4.5/5.2　尼崎　4.7/5.0/4.8/4.8/4.7/4.9
倉敷　4.6/4.7/4.7/4.6/4.5/4.7
足摺岬　−/−/＊/＊/4.6
倉橋島　4.5/＊/4.4/4.6/4.5/4.6
宇部　5.8/5.9/5.7/5.8/5.6/5.7
大分久住　−/4.5/4.7/4.7/5.0
大牟田　5.0/5.3/5.5/5.5/5.5/5.5
奄美　5.7/5.5/5.0/5.1/＊/5.3
小笠原　5.1/5.1/5.3/5.3/5.4/5.6

−：未測定
＊：無効データ（年判定基準で棄却されたもの）
注 1：第 2 次調査 5 年間の平均値（欠測，年判定基準で棄却された年平均値は計算から除く。）
　 2：東京は第 2 次調査と第 3 次調査では測定所位置が異なる。
　 3：倉橋島は平成 5 年度と平成 6 年度以降では測定所位置が異なる。
　 4：札幌，新津，箟岳，筑波は平成 5 年度と平成 6 年度以降では測定頻度が異なる。
　 5：冬季閉鎖地点（尾瀬，日光，赤城）のデータは除く。
出典：環境省・酸性雨対策検討会『第 3 次酸性雨対策調査とりまとめ』

図 3-6　日本における酸性雨の状況（1993〜1997 年）
　　　（環境白書　平成 14 年度）

らSOxが運ばれ酸性雨を降らせたと推定されている。三宅島の雄山は2000（平成12）年に噴火し、大量の二酸化硫黄を排出しているので、2001（平成13）年6月には、横浜市内でpH 2.98の強い酸性雨が観察された。中国では工業用燃料を硫黄分の多い石炭に頼っているので、四川、貴州省を中心に酸性雨の問題は深刻化しており、重慶市の年平均pHは4.5、貴陽市ではpH 2.2の強い酸性雨を記録した。マレーシアでも工業化が進むにつれて、大気汚染がひどくなり、クアラルンプール郊外でpH 4.4～4.8の酸性雨を記録している。アメリカでは、1949年にすでに首都ワシントンでpH 4.2の酸性雨が降り、1973年にミシシッピー川の東側でpH 5.0～5.5の雨が降った記録がある。1980年、アメリカ北東部の工業地帯ではpH 4.0～4.5が普通で、山岳地帯ではpH 3.98～4.02と酸性度が強くなっている。酸性雨は北東部から南部にも及んでおり、1984年の報告書によると南部13州の大部分の地域で平均値pH 4.4の酸性雨が降った。

(3) **酸性雨による被害状況**

酸性雨はヨーロッパでは「緑のペスト」、中国では「空中鬼」と呼ばれ、生物とそれが棲息する環境を脅かすものとして恐れられている。酸性雨の被害がますます広がっているので各国の被害状況をみてみよう。

1) 湖沼および河川の生物への影響

湖沼や河川で酸性化が進むと、植物プランクトン、動物プランクトンおよび緑藻類が減り、フィラメント状の藻類と苔類が増える。その結果、淡水産のエビ、軟体動物、魚がだんだん住まなくなる。北欧では酸性雨の被害が深刻で、ノルウェーでは、3,000の湖の半分以上にサケがいなくなった。またスウェーデンにある8万5,000の湖沼のうち、1万8,000の湖が酸性化し魚や水生昆虫が死滅した。約5,000の湖沼で石灰による中和作業を行っているので地表付近の酸性化はやや落ち着いたものの、20世紀初頭の状態に戻るには約100年かかるといわれている。カナダでは、30万の湖沼のうち、1万4,000の湖沼には魚がいなくなり、4万の湖沼で被害が深刻化している。アメリカ北東部にある約1万7,000の湖沼のうち、9,400の湖沼が酸性化し、

3,000の湖沼が深刻な被害を受けている。アメリカの河川18万7,900 kmのうち，約20％が酸性雨の被害を受けた。さらに，河川に流れ込んだ酸性雨は海洋にも影響を及ぼしている。酸性雨には窒素酸化物が多く含まれるので，河川が注ぐ湾内や入り江の窒素分が多くなり（富栄養化現象），この富栄養化が引き金となってアメリカのワシントン郊外のチェサピーク湾などで「赤潮」が発生した。

2) 森林の被害

酸性雨が森林に与える被害は深刻化している。ヨーロッパにおいて被害が大きく，たとえば，スウェーデンの南部から西部にかけての森林の15％が枯れた状態であり，ノルウェーでも森林の被害は26％に及んでいる。ドイツ南西部にあって，ドイツ人が誇りにしている有名な「黒い森（シュワルツワルトともいう）」の75％が酸性雨の被害を受けている（図3-7）。フランスでは，被害面積が28％にも達し，ドイツ国境に近いボージュ山脈や南部のジュラ地の森林の被害が大きい。東ヨーロッパでも被害が大きく，ポーランドでは国内の森林の15％が被害を受け，特に南西部のイゼルスキー山地の森林は

出典：朝日新聞，2001（平成13）年8月7日，夕刊。

図3-7 酸性雨によるドイツの「黒い森」の被害

ほぼ全滅した。チェコとドイツの間にあるエルツ山地の約20％に被害が出ている。ヨーロッパでは森林の樹木のうち，モミが最初に枯れ，ついでマツ，ドイツトウヒ，ブナ，ミズナラが枯死するという。北米でも森林の被害は大きく，アメリカのバーモント州のキャメルズバック山にあるエゾマツの半数以上が枯死した。アメリカとカナダ国境地帯の森林のサトウカエデやトウヒが枯れる被害が目立っている。中国では，李白が詩によんだ四川省峨眉山にあるモミの林の40％が枯れるなど，各地で森林への影響が現れている。日本では大きな被害は現れていないが，日光国立公園，神奈川県伊勢原市，富山県立山町など数ヵ所で杉などの木の先端部分から枯れる姿がしばしばみられた。さらに，長野県と岐阜県にまたがる乗鞍岳周辺の針葉樹林の10～30％が立ち枯れ（乗鞍岳ではpH3前後の強い酸性霧が観察されている），富士山四合目付近の常緑の針葉樹林が縞模様のように白くなる現象や木の立ち枯れが観察された。これらが欧米の酸性雨による針葉樹の被害に似ていることから，酸性雨が原因とされている。

3) 土壌生態系への影響

酸性雨が樹木を枯らすのは，直接的には葉の気孔を傷つけ樹木の呼吸を阻害するためであるが，間接的には土壌の悪化による。土壌に酸性雨に含まれる硫酸や硝酸が侵入すると，土壌中のカルシウムイオンやマグネシウムイオンが中和のために動員され，硫酸塩や硝酸塩は下層（地下水）へ流出する。これらのイオンが消失すると土壌は酸性化し，pH 4.2以下になると有機物と結合していたアルミニウムが遊離し，土壌中のアルミニウムイオンが増加する。アルミニウムイオンの植物毒性による樹木の生育阻害，カルシウムイオンなどの栄養素の欠乏とそれに伴う樹木の細菌，カビ，ウイルスに対する抵抗力の低下などにより樹勢が弱まり，生長が停止する。このように土壌の酸性化によってアルミニウムイオンの土壌への溶出が始まったとき，土壌が悪化したといわれる。

4) 歴史的建造物および石像の腐食被害

酸性雨による歴史的建造物への被害が広まっている。ドイツのケルンの大

聖堂，ロンドンのウェストミンスター寺院，セントポール大聖堂，オランダのセント・ジョン大聖堂，インドのタージマハ(ー)ル宮殿など歴史的な建造物の壁や柱などがボロボロになり，修復のために多額の経費がかかっている。また，ローマ市内の青銅や石の像，アテネにある古代ギリシアの建造物を飾る神々や人物の像，ロシアのサンクトペテルブルグにあるエルミタージュ美術館の展示の像，ドイツのヘルテン城壁の石像などが，酸性雨のため被害を受けてだんだんとのっぺらぼうな顔になり，社会問題となっている。さらに，アメリカのニューヨーク港の入口に立つ「自由の女神像」，ニューヨークの公園に立つ古代エジプトの「オベリスク（神前に一対ずつ建てた，先のとがった四角形の石塔）」も腐食の被害が進んでいる[5]。日本でも，神奈川県立近代美術館にある「犬の唄」，東京タワーにある「南極のカラフト犬」のブロンズ像などが被害を受けている。

(4) 酸性雨の防止対策

1997年に酸性雨の防止対策に関する国際間協力のためジュネーブ条約が採択されたが，地球温暖化防止についての世論に比べて，酸性雨に関する国際世論が弱いので，その被害が増加している。SO_XおよびNO_Xの生成を極力抑えることが，酸性雨対策の基本であるので，以下の対策をまとめてみた。

① 火力発電や家庭の暖房用の燃料として硫黄分の少ない石油および石炭を使用するか，硫黄を含まない天然ガスを使用する。しかし，安価で低品質の石炭（または褐炭）を使用している国にとっては，その国の経済状態とも関連して石油または天然ガスへの切り替えは難しい問題である。

② 火力発電所，精練所，各種工場に排煙脱硫装置および窒素酸化物除去装置（脱硝装置）を設置する。酸性雨の原因となるやSO_XやNO_Xは風に乗って遠く離れた国まで移動するので，酸性雨の問題は，一国だけの問題ではなく，広域大気汚染問題としてとらえなければならない。日本は優れた環境保全技術をもっているので，欧米諸国，発展途上国と連携して広く世界にこの技術を移転（輸出）することに努める。中国では産業発展に対して酸性雨対策が追いつかない状態なので，日本と中国との間

に環境協力のプロジェクトがいくつか始まっている。たとえば，日本の通産省（当時名）と中国政府との環境対策合同プロジェクトが1993年発足した。このプロジェクトでは，脱硫装置や粉塵防止装置の設置状況を調査し，環境技術を移転した場合の公害防止の程度や中国経済へ及ぼす影響などを検討して，環境保全と経済成長の問題を解決することを目的としている。北京では，円借款で「日中友好環境保全センター」が発足し，環境問題に取り組んでいる。1997年には，「日中環境開発モデル都市構想」が合意され，主として大気汚染対策に円借款が供されることになった。

③　自動車の使用を抑えると同時に，排気ガス中のNO_xの量を抑える技術を開発する。車による交通量の増加は大気中のNO_xを増やすことになるので，事業所ごとの総量規制，道路への乗り入れ車種規制（ディーゼルエンジン搭載のバスやトラックからNO_xの排出が多い）や流入車への課金，ディーゼル車へのフィルターの取り付け，ディーゼル車からガソリン車への切り替えなどの対策が今後必要である。

④　エネルギー消費を少なくするとともに，環境汚染を起こさないクリーンエネルギー（太陽，風，水素など）やクリーンカー（電気自動車，燃料電池車など）を開発する。

3. 都市が水浸しになる：地球温暖化現象

太陽光に含まれる赤外線（波長：$0.8 \sim 4\,\mu m$）は熱線ともいい，ものを暖める性質があり，地球はこの赤外線によって暖められる。暖められた地球表面からは宇宙に向けて赤外線（波長：$3 \sim 120\,\mu m$）が放出されるが，この赤外線は大気中に含まれる二酸化炭素（炭酸ガス）によってよく吸収される（太陽からの赤外線は波長が違うので，二酸化炭素によって吸収されない）。吸収された赤外線の一部は下向きに放射され地球表面を暖める。ちょうど温室が外から入ってくる熱を通し，中から出る熱は通さないのと似ていることから，この現象を温室効果（greenhouse effect）という。

(1) 温室効果ガスと地球温暖化の影響

　地球温暖化に関与する主な大気中の気体の温暖化指数および温室効果寄与度を表 3-3 に示す。これらの気体の中では大気中には二酸化炭素がもっとも多く含まれるため，二酸化炭素による温室効果が現在問題となっている。二酸化炭素濃度は年々増加し，これとともに地球の平均気温が少しずつ上昇している (図 3-8)。すでに述べたフロンは二酸化炭素に比べて量はまだ少ないものの，温室効果寄与率が二酸化炭素の約 7,000 倍なので，長期的にみればフロンによるオゾン層の破壊作用よりも温室効果作用の方がはるかに問題であるという説もあり，2020 年までにフロンが原因で生じる温度上昇と二酸化炭素による分とがほぼ同じという説もある。

　地球の温暖化は以下に示す深刻な影響を及ぼすといわれている。

① 二酸化炭素排出の抑制などの対策のない場合，地球の平均気温は 2020 年ごろには 0.7℃，2070 年ごろには 1.5℃，21 世紀末には 2.5℃ 上がり，そのため海水が膨張したり，一部の地域 (南極，グリーンランドなど) で氷が溶けたりして海面は 21 世紀末で 50〜88 cm 上昇するという予測がある。そうなると，東京，ニューヨーク，ロンドンなどの大都市は水浸しになり，大勢の人が移住を強いられる。実際すでに温暖化によって南太平洋の島国であるツバルおよびキリバスの島々，インド洋の島国であるモルディブの島々，アメリカのアラスカ州の小島などは水没の危機にさらされている。そのためツバル，キリバスおよびモルディブは共同で，温暖化に関する世界の大企業 (石油，自動車，武器，タバコ会社な

表 3-3　温室効果ガスの温暖化指数および温室効果寄与度

	温暖化指数*	温室効果寄与度(%)(1980 年代)
二酸化炭素 (CO_2)	1	55
メタン (CH_4)	20	15
一酸化二窒素 (N_2O)	300	6
フロン (クロロフルオロカーボン)	7000	24

(環境白書総論　平成 5 年版)

*　ある気体が大気中に放出されたとき，その気体の 100 年後の温室効果係数をいう。

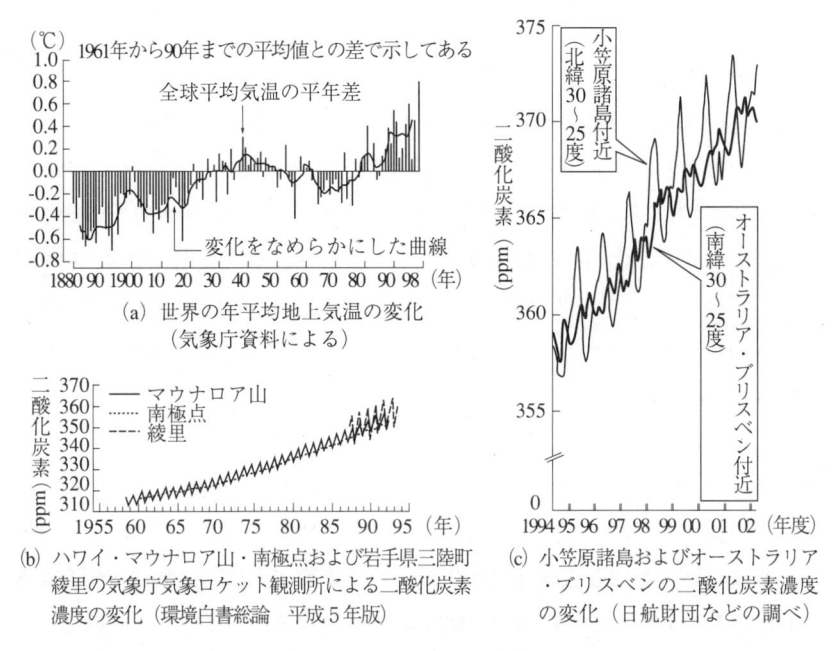

図 3-8 地球の平均気温 (a) と二酸化炭素濃度の推移 (b および c)

ど) やアメリカおよびオーストラリア (これらの国は地球温暖化防止京都議定書に反対し, 批准していない) を訴える準備をしている.

② 地球全体の気候の大混乱がみられ, たとえば台風の発生が2倍になる, 北米や南欧では干ばつが多くなる, アフリカの干ばつ地帯に雨が増えて穀倉地帯になるなどの予測がある. 日本では平均気温が2℃上昇すると, 北海道や東北地方で気温が高くなり米の生産量が上がる. しかし, 西日本では干ばつが起こりやすくなると推測されている.

③ 熱帯および亜熱帯地方にみられるマラリアやデング熱 (ともに蚊が媒介する) の流行地域が地球が暖かくなるにつれて北上し, アジアでは, 中国南部やフィリピン, アメリカ大陸ではメキシコ, アフリカでは北部地中海岸まで急速に接近しつつある. このまま温暖化が進むと, 日本の九州がマラリアやデング熱の流行地域に入るかもしれないという予測もあ

る。

(2) 地球温暖化の防止対策

二酸化炭素の量が増えた原因は，化石燃料（石炭，石油，天然ガスなど）の燃焼の増大である。1990年の「気候変動に関する政府間パネル（IPCCと略。国連環境計画〔UNEP〕と世界気象機関〔WMO〕の共催で設置された政府間の協議機関）」の報告によると，化石燃料の燃焼によって放出される二酸化炭素は，炭素に換算すると54億トン（以下同じ）であり，さらに森林焼失など（16億トン）によるものがこれに次ぐ。一方，二酸化炭素の吸収は大洋による吸収（10～30億トン）と森林などの吸収（2～25億トン）が主なものであるが，行方不明の炭素（16億トン）もあり，二酸化炭素の吸収に関しての予測値にはばらつきが多い。しかし，大気中には約34億トン（炭素換算）の二酸化炭素が残存するといわれ，この残存二酸化炭素の量によって地球の気温上昇の程度も変わってくる。いずれにしろ地球温暖化の防止対策の基本は，二酸化炭素をこれ以上排出しない（または現在よりも排出量を少なくする）ことであり，以下の対策が考えられる。

① 自然エネルギーの利用を積極的に推進する：二酸化炭素を排出しないエネルギーの獲得方法として太陽光，風力，水力，地熱を利用する。たとえば，太陽電池の大量普及と低価格化によってソーラーカーの普及をはかる。

② 住宅の断熱構造化を促進し，省エネルギー建築物の普及や太陽熱を使った温水器，ソーラーシステムなどの普及をはかる。屋根を緑化し，太陽光が入るように窓を大きくする。

③ 廃棄物の焼却処理の際に生じる余熱を効率よく，様々な暖房その他に利用する。

④ 世界的に緑化運動を促進する。都市の緑化推進により（たとえば，ビルの屋上緑化），都市部のヒートアイランド現象を抑え，冷房に要するエネルギー需要を低減する。森林の破壊を食い止め，植林などの運動を活発にする。緑化が進めば，植物による二酸化炭素の同化により二酸化炭素

を減少させることができる。
⑤ 植物によらない二酸化炭素の固定化の方法（新触媒の発見など）を開発する。
⑥ 1997年に開催された第3回地球温暖化防止京都会議では，対象となる温室効果ガスが6種類，1)二酸化炭素，2)メタン，3)一酸化二窒素，4)ハイドロフルオロカーボン（新代替フロン），5)パーフルオロカーボン（代替フロンの一種で，半導体の洗浄や超低温冷凍機用冷媒に使用），6)六フッ化硫黄（電気・電子部品の絶縁体）に拡大され，さらに各国が温室効果ガス（主として二酸化炭素）の排出量を2008年から2012年までに全体で1990年に比べて5.2％削減する（日本6％，アメリカ7％，EU各国8％）ことを決議した。日本は2002年6月にこの条約を批准したが，世界最大の二酸化炭素排出国であるアメリカ（アメリカが排出する二酸化炭素は，世界全体の排出量の22％を占める）やオーストラリアはこの条約を批准しようとせず，国際的な地球温暖化防止の取り組みに暗い影を落としている。

4. PCB：化学工業の花形から公害物質に転落した有機塩素化合物

(1) PCB (polychlorinated biphenyl, ポリ塩化ビフェニル) とは

PCBはベンゼン環に直接塩素が結合した有機塩素化合物であり（図3-9），塩素の結合位置と数により多種類のPCBが生成するので，通常PCBは様々な種類のPCBの混合物である。PCBは，①熱に対して安定で，不燃性である，②電気絶縁性がよい，③展着性がよい（流れにくい），④脂肪や有機溶媒によく溶け，化学的に扱いやすい，などの優れた特徴をもつので，電気機器（新幹線や地下鉄の車両や船舶に使われるトランスやコンデンサー，電柱に設置されているトランスなど）の絶縁油，化学工業などの熱媒体（加熱，冷却用）や機械油として産業界で広く使われ，さらに塗料や役所および企業で使うノーカーボン紙（感圧紙）の展着剤としても使用された。このようにPCBは化学工業など産業界の花形となったが，PCBの生体蓄積や生体に対する毒性などはほとんど考慮されずに使用され続けた。

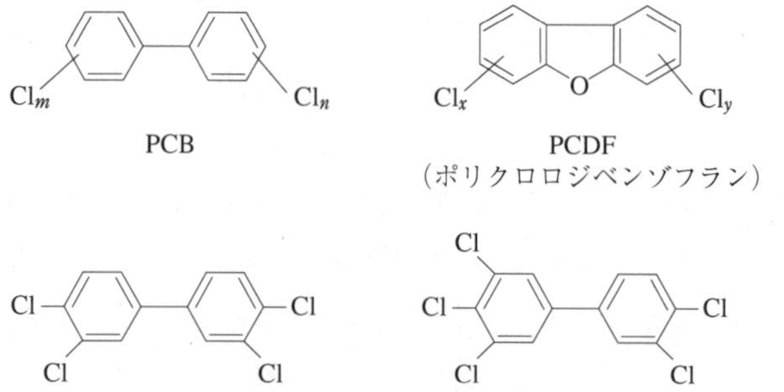

3,3′,4,4′-テトラクロロ
ビフェニル（コプラナーPCB）

3,3′,4,4′,5-ペンタクロロ
ビフェニル（コプラナーPCB）

図 3-9 PCB および PCDF

(2) PCB 中毒事件

1968年,「PCBの人体実験」とまでいわれたPCBによる中毒事件（カネミ油症事件）が発生した。これは, 北九州を中心に販売されていた米ヌカてんぷら油（製造元：カネミ倉庫）の製造工程で, 熱媒体として使用されていたPCBが油中に混入し, これを摂取した多くの人が被害を受けた中毒事件である（患者数：約1万4,000人, 認定患者数：約1,800人）。PCBの生体への影響に関するデータはそのころほとんどなかったが, この事件によりPCBの生体への影響が明らかにされたので以下にまとめた。

① PCBの中毒症状は, 倦怠感, 手足のしびれ, 全身の吹き出もの, 激しい痛み, 皮膚, 消化管および肝臓の障害などである。

② PCBは脂溶性なので人を含む動物の脂肪組織に蓄積しやすく, いったん蓄積すると体内から排出されにくい。

③ PCBそれ自身の毒性は低いが, PCBに肝臓のシトクロムP-450を含む酵素系がはたらいて生成したもの（代謝産物という）が出発物質よりも5倍も毒性が高い。

④ 1990年以降, 患者の血液中にPCBより毒性の強い **PCDF**（polychlorodibenzofuran, ポリクロロジベンゾフラン, 図3-9参照）が相次いで検出され, 現在ではこの油症の原因物質は, PCDFおよびPCBの中でも毒性の強

いコプラナーPCB（共面配置，非オルト(o)-位置換PCBともいう。コプラナーとは2つのベンゼン環が同じ平面にあるという意味で，コプラナーPCBはダイオキシンに似た構造をもつ）であるという説が有力である。

なお，1979年台湾においても食用油にPCBが混入する事件が起きた。さらに，1999年ベルギーで，使用済みの食用油脂をリサイクルして作った油脂にPCBが混入し，その油脂を鶏の飼料に配合したため，鶏卵や鶏肉がPCBに汚染される事件が起こったが，これも汚染の発生状況などがカネミ油症事件と類似している。

1969年以降，カネミ油症事件は計6度にわたって損害賠償訴訟が起こされ，1977（昭和52）年にカネミ倉庫およびPCB製造企業である鐘化に賠償命令が下され，1999（平成11）年には患者と鐘化との最後の和解が成立した。

(3) 有機塩素化合物の環境汚染と今後の問題点

油症事件を機に，1972年からPCBの製造および販売は禁止となり，回収されたPCBの保管が義務づけられたが，それまで広く使われたために地球規模のPCBによる環境汚染の実体が明らかとなった。一方，カーソンが生涯をかけて警告し続けた農薬であるp,p'-ジクロロジフェニルトリクロロエタン（DDT），ベンゼンヘキサクロリド（BHC）なども有機塩素化合物であり，これらもこれまで大量に使用された。DDTなどの有機塩素系農薬も1970年代のはじめに製造・使用が禁止になったものの，今日でもなおPCBやDDTをはじめ様々な有機塩素化合物による環境汚染が引き続き問題となっているので以下にまとめてみた。

① 日本近海から南極までの大気と海水はPCBおよびDDTによって汚染されており，いずれの場合も南下するにつれて次第に汚染が進み，赤道付近で最高値を示した[6]。1998年の日本の水産庁調査では，依然として北半球および熱帯地域の海水中のPCB濃度（0.1～0.5 ppt*）は高かった。これは有機塩素化合物による汚染が地球規模で進んだことを示すものである。環境（水，大気，土壌）に放出されたPCB，DDT，BHCの濃度が低くても，自然界の食物連鎖の過程で濃縮され，いろいろな動物の

体内に蓄積され，母乳なども汚染される（表3-4）。さらに PCB や DDT の環境汚染に関係のないと思われていた北極圏に住むイヌイットや白クマの脂肪にも 67 ppm* の PCB と 1.4 ppm の DDT が検出された（PCB 汚染のひどかった 1985〔昭和60〕年の東京湾のウミネコは 2.1 ppm であった）。太平洋に住むイルカ，アザラシ，クジラ（2000年の調査では，北西太平洋で捕獲したクジラの脂皮から，最高で 0.72 ppm の PCB が検出された），南極のペンギンにも各種有機塩素化合物が検出されている。

② アザラシやイルカがときどき大量死することがあるが，この原因としてコプラナー PCB の毒性によるといわれている。1993年のアメリカと日本の共同調査・研究によって，アメリカの五大湖の鳥類（オニアジサシ，ユリカモメなど）にくちばしが曲がるなどの奇形や内臓の腫瘍形成がみいだされ，これらの原因はコプラナー PCB による可能性が高いという結果が得られた。コプラナー PCB は工場廃液などに混ざって排出され，それが鳥類に重大な影響を与えているのではないかと懸念されている。

表 3-4　各国の有機塩素化合物による母乳の汚染（ppm）

調査対象の都市	調査年	PCB	DDT	BHC
ブリュッセル（ベルギー）	1982	0.75	0.13	0.2
北京（中国）	1982	―	1.8	6.7
ハーナウ（西ドイツ）	1981	2.1	0.28	0.3
アーメダバード（インド）	1982	―	1.2	4.7
エルサレム（イスラエル）	1981,1982	0.47	0.26	0.37
大阪（日本）	1980,1981	0.39	0.21	2.3
モレリア（メキシコ）	1981	―	0.82	0.49
ウプサラ（スウェーデン）	1981	1.0	0.10	0.09
米国22州の平均	1979	1.0以下	0.10以下	0.05以下
ザグレブ（ユーゴスラビア）	1981,1982	0.67	0.19	0.31

（国連環境計画，"地球環境システム報告 1983" による）

* ppm：parts per million の略で，百万分率ともいう。ppm の具体的単位としては，$\mu g/g$，$\mu l/l$，mg/kg など。ppm の 1000 分の1 および 100 万分の1 の単位である ppb (parts per billion) および ppt (parts per trillion) も使われることがある。

③　日本では，法律により回収されたPCBおよびPCB含有の廃棄電気機器は，PCB製造業者や電気機器使用業者によって厳重に保管されているはずであるが，管理のずさんさにより紛失したり，捨てられていた。2000年の調査では，高電圧用トランスやコンデンサーの保管台数は，約20万2,000台で，約3,000台が紛失していた。保管されているはずだが所在不明のトランスやコンデンサーは約1万5,000台にも及ぶという（行方不明のPCBの量は約250トン）。さらにPCB含有感圧紙も34トンが行方不明ともいわれる。

さらに，PCBは産業廃棄物場に持ち込まれた自動車の破砕くずなどに含まれるPCBが合成洗剤やフミン酸（植物が腐敗したときにできる）に触れると通常の数十倍の濃度で溶けだす恐れがあることも報告されている。ここ2～3年で，現在使用中のPCB入りトランスの耐用期限がくるので厳重保管が必須であるが，上記のようなことが再び起こると，PCBによる環境汚染問題は一層ひどくなる。そのためPCBを安全に処理する技術や処理施設の設置が一刻も早く求められ，1997年ようやくPCBを分解する試験的プラントがスタートした。2000年には国がPCB処理施設の建設補助や処理を促進するための基金を計上することになり，遅まきながらPCB処理に取り込むこととなった。

5.　枯葉剤に含まれていた猛毒：ダイオキシン

(1)　ダイオキシンとは

フロンやPCBは様々な目的に利用するために合成された化合物であるが，ダイオキシン (dioxin) は除草剤である 2,4,5-トリクロロフェノキシ酢酸 (2,4,5-T) の合成の副産物として生成した（図3-10）。ダイオキシンの正式化合物名は，ポリクロロジベンゾ-p-ジオキシン (polychlorodibenzo-p-dioxin〔またはpoly-chlorinated dibenzo-p-dioxin〕，略称PCDD) といい，ダイオキシンは通称である。PCDDには，ダイオキシン母核（ジベンゾ-p-ジオキシン）に結合する塩素の数と結合位置によって75種類の異性体があり，ダイオキシンはこ

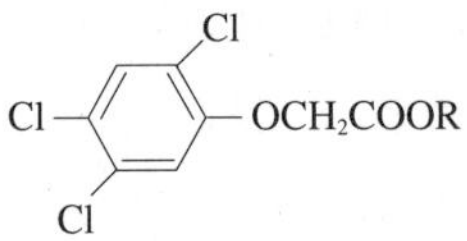

2,4,5-T
R＝H, Na, C_4H_9など

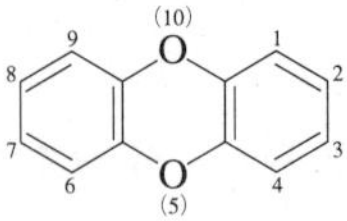

ダイオキシン母核

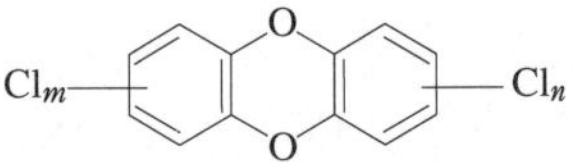

PCDD

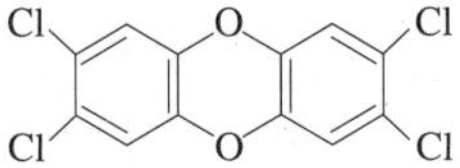

2,3,7,8-TCDD

図3-10 2,4,5-TおよびPCDDの構造

れら一連の異性体の総称である。一方，PCDDの中でもっとも毒性の強い2,3,7,8-テトラクロロジベンゾ-*p*-ジオキシン（2,3,7,8-tetrachlorodibenzo-*p*-dioxin，2,3,7,8-TCDD）が広範囲に存在することから，2,3,7,8-TCDDをダイオキシンと呼ぶこともあるが，本書では，ダイオキシンはPCDDを指すものとする。また，PCDDおよびPCDF（ポリクロロジベンゾフラン）を含めた化合物を一般「**ダイオキシン類**」というが，PCDD，PCDFおよびコプラナーPCBを含めた化合物を総称して「ダイオキシン類」ということもあり，ダイオキシン関係の化合物の名称に関しては，多少混乱がみられる。

モルモットへの経口投与で調べた2,3,7,8-TCDDの致死量は1.0 μg/kg体重であり，LD_{50}（50％Lethal Dose，半数致死量）は0.6 μg/kg体重である。代表的な毒物の一種である青酸ソーダ（モルモットに対するLD_{50}：5 mg/kg体重）に比べて，TCDDは8,000倍以上の毒性を示し，人間がつくった化合物の中でもっとも毒性の強いものといわれている。

(2) 枯葉剤（除草剤）とダイオキシン

ベトナム戦争（1960年代～1970年代のはじめ）においてアメリカ軍は，枯葉作戦と称して枯葉剤エージェント・オレンジ（Agent Orange，本体は除草剤である2,4,5-T。日本では1971年にこの除草剤の使用が禁止された）を南ベトナムに大量散布したが，枯葉剤にダイオキシンが含まれていたので，南ベトナムの領土

の14％が高濃度のダイオキシンによって汚染された。2,4,5-Tにダイオキシンが副生成物として含まれていたことは最初わからなかったが，この汚染地区では他の地区に比べて先天性奇形の発生率が異常に高いことや除草剤を扱ったアメリカの帰還兵にいろいろな後遺症がみられたことから2,4,5-Tが疑われ，不純物として含まれていたダイオキシンが同定された。南ベトナム地区では現在でもダイオキシンが土壌中に滞留し，かつ奇形児の発生率が高い。日本とベトナムの医師による1987年～1990年の調査では，ドン・タップ省では検診した幼児の29～42％に先天異常がみつかり，タイニン省では29組のシャム双生児（結合性双生児）が確認され，シャム双生児のベト君（兄）とドク君（弟）とが1988年分離手術を受けたニュースは今もなお記憶に新しい（2002年現在，ドク君は21歳となり，元気にコンピューターの仕事をしているが，ベト君は手術後ずっと病院で寝たきりの生活という）。さらに，アメリカ科学アカデミーの調査によると，エージェント・オレンジが「ホジキン病」，「非ホジキン悪性リンパ腫」および「軟部組織腫瘍」の3種類のがんと2種類の皮膚障害の発症原因になることが確認された。最近の研究によると，ダイオキシンは完全な発がん物質ではなく，がんの発育を促進するプロモーターであることが証明されている。これらの事実は，われわれにダイオキシンの人と自然に及ぼす影響をあらためて考えさせ，これからもダイオキシンの影響については注意深く追及されていかなければならない。

(3) **ダイオキシンの新たな発生源**

ダイオキシンは除草剤合成の際，副生成物としてできる以外に，次の場合にも生成することがわかった。

1) ごみ焼却炉からの発生

ごみ焼却炉からのダイオキシンの発生は，1977（昭和52）年オランダのオリー（K. Olie）らによってはじめて報告された。わが国では，1983（昭和58）年愛媛大学の立川涼教授らが西日本9ヵ所で都市ごみ焼却炉を調べ，焼却炉の飛灰（フライアッシュ）および残灰からダイオキシンを検出したことを発表して以来，ダイオキシンによる環境汚染が注目をあびるようになった。厚生

省はダイオキシン発生抑制のガイドラインを示したが，日本で発生するダイオキシンの量はヨーロッパ各国と比べると数倍～数十倍と多く，わが国における 1997（平成9）年のダイオキシンの総排出量は約 6,300 g であった。日本でダイオキシンの発生量が多いのは，ごみの処理をほとんど焼却に頼っていることに起因する（ごみ焼却施設の数は，1990 年～1992 年では，ドイツが約 400，アメリカが約 150 に対し，日本では約 3,100～7,400 にも及び，世界のごみ焼却施設の 70％以上が日本にある）。さらに，都道府県の認可を受けた産業廃棄物焼却施設が 1990（平成2）年現在で約 2,500，規制のない小型焼却炉が 5,000 以上もあった。このため，産業廃棄物焼却施設が集中していた埼玉県の所沢市周辺や大阪府能勢町の都市ごみ焼却施設である「豊能郡美化センター（1999 年に解体された）」の敷地およびその周辺から高濃度のダイオキシンが検出され，大きな社会問題となったことは記憶になお新しい。ダイオキシンは焼却炉からの発生のほかに，野焼きや森林火災によっても発生する。

ⅰ） ダイオキシンの発生機構

ダイオキシンの発生機構として，ポリ塩化ビニルやポリ塩化ビニリデンなど塩素を含むプラスチック，有機塩素系顔料や塗料，有機塩素系難燃剤などを燃やすと，まずクロロフェノールやクロロベンゼンが生成し，それらがダイオキシンに変化する経路が考えられている。さらに PCB の燃焼によってもダイオキシンは発生する。また建築材，カーテン，壁紙などにも有機塩素化合物が使われているので，建物の火災，または建材の焼却のときにも発生する。特に問題となるのは，ダイオキシンの発生への「飛灰（フライアッシュ）」の関与である。すなわち，ごみの不完全燃焼に伴う「未燃有機化合物」が，飛灰表面で塩化銅や塩化鉄（これらは，ごみの中に含まれている銅分や鉄分が，有機塩素化合物などの燃焼によって生じた塩化水素と反応して生成する）を触媒として，300℃くらいの比較的低い温度条件下でダイオキシンに変化する。

ⅱ） ダイオキシンの発生の抑止対策

家庭・学校などの小型焼却炉や市町村が設置している1日のごみ処理能力 100 トン未満の焼却炉は，燃焼温度が低いことからダイオキシンを多く発生

させる可能性がある。大型焼却炉で，800℃以上の高温および24時間連続して燃焼するとダイオキシンの発生は抑えられるので，今後ごみ焼却炉の大型化が必要とされる。環境庁（当時名）は，1999（平成11）年「ダイオキシン対策特別措置法」を制定し，人が一生取り続けても悪影響のないダイオキシンの耐容1日摂取量（Total Daily Intake, TDIと略）を4ピコ g/kg 体重（ピコ：10^{-12}）という安全基準を発表した。これによってダイオキシンに対する安全対策がスタートしたが，日本ではごみの始末をほとんど焼却に頼っているので，この方法をみなおす必要がある。とくに規制のない焼却灰の処分法を早急に決めなければならない。ごみ焼却によるダイオキシンの発生抑制には，なんといってもごみを多く出さない工夫（減量化）やごみの分別化など，ごみ処理問題に取り組むわれわれ自身の姿勢が重要である。さらに，焼却施設への一般市民による監視や事業者からの情報開示，焼却灰の処分方法やゴミの不法投棄などにも注意しなければならない。

2）製紙工場からの排出

1986（昭和61）年に，スウェーデンではじめて製紙工場の廃水中にダイオキシンが検出され，その後アメリカやカナダでも次々とみつかり，世界的に問題となった。日本でも1990（平成2）年，愛媛県川之江市の製紙工場群の近くの川でとれたボラなどの魚に高濃度（最高約5ppt）のダイオキシンが検出された。さらに紙パルプや上質紙にもダイオキシンが検出された（濃度：0.7～1.8ppt）。木材から紙をつくるときに塩素をはじめ様々な物質を加える漂白工程があり，木材中の芳香族化合物と塩素が反応してダイオキシンが生成する。製紙業界は，漂白工程の中に酸素を加え，塩素の代わりに二酸化塩素を使用する方法により，ダイオキシンの生成を抑える方針であるが，この方法でもこれまで使用してきた塩素を4分の3減らすだけで，4分の1程度の塩素はまだ使われる。今後も製紙工場からのダイオキシンの排出調査は欠かせないし，塩素を使わない漂白技術の開発が必要とされる。

6. 水道水が危ない：有機塩素化合物とトリハロメタンによる水質汚染

(1) 水道水汚染の現況

水はあらゆる生物にとって生命を維持して行くために必要であり，安全性の立場から飲食のために使う上水いわゆる水道水には水質規準があるが，1993（平成5）年12月に水質規準が改正された（表3-5）。新しい水質規準の特徴は，今までの検査項目に加えて多くの化学物質の検査項目が増えたことにある。すでに述べたようにわれわれは豊かさの追及のために多くの化学物質を合成し使用してきたが，それらの物質が水道の水源で検出されたことなどから生体への影響が懸念され，新しい水質規準が示されたわけである。

今回の水質規準の検査で目立つのは，有機塩素化合物の検査項目が増えていることである。トリクロロエチレン，テトラクロロエチレン，1,1,1-トリクロロエタン（図3-11）はIC基板（integrated circuit，集積回路）や金属の洗浄およびドライクリーニングに使われる溶剤で，これらの化合物は発がん性があるといわれている。IC工場，自動車部品工場，精密機械工場およびドライクリーニング営業所から排出されたこれらの化合物が地下水を汚染させ，その結果水道水やわき水が汚染されている。たとえば，1982（昭和57）年，東京都府中市の水道水からトリクロロエチレンが検出されたし，1984（昭和

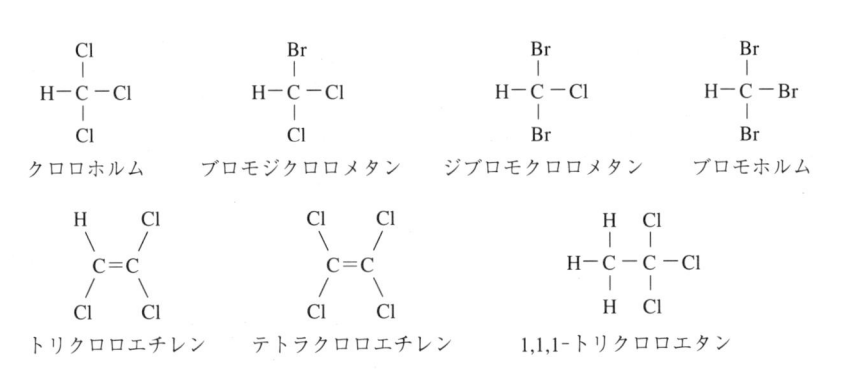

図3-11 トリハロメタンおよびトリクロロエチレンなどの構造

表3-5　日本の上水の新しい水質基準

(a) 健康に関する項目 (29項目)

項　目　名	基準値 (mg/l)	旧基準値など (mg/l)
一般細菌	100/ml	100/ml
大腸菌	不検出	不検出
シアンイオン	0.01	不検出
水銀	0.0005	不検出
鉛	0.05(0.01)	0.1
クロム	0.05	0.05(六価クロム)
カドミウム	0.01	0.01
ヒ素	0.01	0.05
セレン	0.01	0.01
フッ素	0.8	0.8
硝酸性および亜硝酸性窒素	10	10
トリクロロエチレン	0.03	0.03
テトラクロロエチレン	0.01	0.01
四塩化炭素	0.003	
1,1,2-トリクロロエタン	0.006	
1,2-ジクロロエタン	0.004	
1,1-ジクロロエチレン	0.02	
シス-1,2-ジクロロエチレン	0.04	
ジクロロメタン	0.02	
ベンゼン	0.01	
総トリハロメタン	0.1	0.1
クロロホルム	0.06	0.03
ブロモホルム	0.09	
ブロモジクロロメタン	0.03	
ジブロモクロロメタン	0.1	
チウラム	0.006	0.006
シマジン (CAT)	0.003	0.003
チオベンカルブ	0.02	
1,3-ジクロロプロペン(D-D)	0.002	

(c) 快適水質項目 (13項目)

項　目　名	基準値 (mg/l)	旧基準値など (mg/l)
マンガン	0.01	
アルミニウム	0.2	0.2
残留塩素	1程度	
2-MIB	0.00002/0.00001	
ジェオスミン	0.00002/0.00001	
臭気強度	3	
遊離炭酸	20	
過マンガン酸カリウム消費量	3	
硬度	10〜100	
蒸発残留物	30〜200	
濁度	1度以下/0.1度以下	
ランゲリア指数	−1程度/0に近づける	
pH	7.5程度	

(b) 水道水が有すべき性状に関する項目 (17項目)

項　目　名	基準値 (mg/l)	旧基準値など (mg/l)
塩素イオン	200	200
過マンガン酸カリウム消費量	10	10
銅	1	1
鉄	0.3	0.3
マンガン	0.05	0.3
亜鉛	1	1
ナトリウム	200	
硬度	300	300
蒸発残留物	500	500
フェノール類	0.005	0.005
1,1,1-トリクロロエタン	0.3	0.3
陰イオン界面活性剤	0.2	0.5
pH	5.8〜8.6	5.8〜8.6
臭気	異常でないこと	異常でないこと
味	異常でないこと	異常でないこと
色度	5度	5度
濁度	2度	2度

(d) 監視項目 (26項目)

項　目　名	基準値 (mg/l)	旧基準値など (mg/l)
トランス-1,2-ジクロロエチレン	0.04	
トルエン	0.6	
キシレン	0.4	
p-ジクロロベンゼン	0.3	
1,2-ジクロロプロパン	0.06	
フタル酸ジエチルヘキシル	0.06	
ニッケル	0.01	
アンチモン	0.002	
ホウ素	0.2	
モリブデン	0.07	
ホルムアルデヒド	0.08	
ジクロロ酢酸	0.04	
トリクロロ酢酸	0.3	
ジクロロアセトニトリル	0.08	
抱水クロラール	0.03	
イソキサチオン	0.008	0.008
ダイアジノン	0.005	0.005
フェニトロチオン	0.003	0.01
イソプロチオラン	0.04	0.04
クロロタロニル	0.04	0.04
プロピザミド	0.008	0.008
ジクロルボス	0.01	
フェノブカルブ	0.02	
クロルニトロフェン	0.005	
イプロベンホス	0.008	
EPN	0.006	

59) 年には，沼津市の水道水にトリクロロエタンが混入した。1989（平成元）年には天下の名水といわれた静岡県清水町の柿田川のわき水がトリクロロエチレン，テトラクロロエチレン，1,1,1-トリクロロエタンで汚染されたことがわかった。最近ではさいたま市や岡谷市の自動車部品工場や精密機械工場周辺の地下水が，トリクロロエチレンやテトラクロロエチレンによって汚染された。さらに，古い水道管には鉛が使用されているので，有害な鉛が溶けだすことも懸念されている。

(2) トリハロメタンの生成

メタンの3個の水素が塩素や臭素によって置換された有機塩素および有機臭素化合物であるクロロホルム，ブロモジクロロメタン，クロロジブロモメタン，ブロモホルムを総称してトリハロメタン（図3-11）と呼ぶが，これらの化合物には変異原性や発がん性があるので水道水の汚染がたびたび問題となる。水道水に含まれるトリハロメタンは，浄水場の水に含まれる「有機物」と「消毒用塩素」との反応によって生成するといわれる。浄水場の水の汚染度が高いほど塩素が多く使われるので，そのためトリハロメタンの生成量も増加する。世界保健機構（World Health Organization, WHO）やドイツのトリハロメタンの水質規制値は $0.025 \sim 0.06$ mg/l としているが，日本では 0.1 mg/l であり，甘い規準という声もある。このことはトリハロメタンの一種であるクロロホルム（WHOの規制値：0.03 mg/l，日本の規制値：0.06 mg/l）についてもいえる。家庭でトリハロメタンやトリクロロエチレンなどを除くには，ヤカンのふたを開けたまま約10分間煮沸するとよい。しかし，水道水にこのような化合物が含まれていることが一般市民に知らされていないことがあるので，各市町村の水道行政政策に対し，十分な注意を払う必要がある。

表3-5(a)および(b)に示された規準を満たしていれば水道水は飲食には問題ないが，水道水に含まれるミネラルの種類とその量によってその味は微妙に変化する。昔はおいしかった水（水道水または井戸水）が，最近さっぱりおいしくないという声がよくきかれるが，水道水の水源（河川，湖沼，貯水池，地下水など）の水質が昔とは変わったためであろう。そのため，水質規準改

正のもう一つの特徴は,「快適水質項目」, いわゆる「おいしい水」を定量化していることである (表 3-5(c))。現在, 洗濯や食器洗いなどには水道水を使うものの, 直接の飲食用としては国産および外国産のミネラルウォーターや日本のあちこちで得られるわき水, いわゆる天然水などを使う人が増え, これらの水が入ったペットボトルがよく売れているのが現状である。新しい水質規準では農薬などの検査項目を加えた「監視項目」(表 3-5(d)) も呈示されている。

(3) BOD, COD, DO

河川や下水など水質の汚濁度を判断するために, BOD, COD, DO という指標がある。

1) BOD (Biochemical Oxygen Demand, 生物化学的酸素要求量)

河川や下水の汚れの主な原因物質は有機物であるが, 有機物は水中に存在する微生物 (主として細菌) によって分解される。微生物は分解の際に酸素を必要とするので, その酸素量を BOD という。実際には, 試料水を微生物が生育しやすい条件を整えた水で希釈し, これを密閉した容器に入れ 20℃, 5 日間経過させ, 最初の酸素濃度と 5 日後の酸素濃度の差を測定し, 通常 mg/l (または ppm) で表す。BOD 値は河川の水質検査の基準値として使われ, BOD が大きいことは, 水中に分解される有機物が多いこと, すなわち有機物による河川または下水の汚染度が高いことを示す。工場からの排水中には, 微生物によって分解されない有機物が含まれていることがあり, この排水の汚濁度を測定しても, BOD 値は低い値となる。したがって, BOD の値が低いからといっても大量の有機物を含むことがあるので注意する必要がある。

2) COD (Chemical Oxygen Demand, 化学的酸素要求量)

BOD と異なり, 河川, 湖沼および下水中の有機物を, 化学薬品で直接酸化分解するときに必要な酸素量を COD という。実際には, 試料水を 20℃ で, 酸化剤である過マンガン酸カリウム (または重クロム酸カリウム) を 4 時間作用させたときに消費される酸素量を測定する。COD の単位も通常 mg/l (また

表 3-6　日本の河川および湖沼の水質汚濁状況

河川（2001 年）	BOD (mg/l)	湖沼（2001 年）	COD (mg/l)
ベスト 5		ベスト 5	
苫小牧幌内川上流（北海道）	0.5 未満	俱多楽湖（北海道）	0.6
苫小牧川上流（北海道）	同	猪名湖（長野県）	1.5
小荒川上流（青森県）	同	岩見ダム（秋田県）	1.6
安芸川（高知県）	0.5	猿谷ダム湖（奈良県）	1.6
舟志川（長崎県）	同	有峰ダム貯水池（富山県）	1.8
ワースト 5		ワースト 5	
春木川（千葉県）	18.0	佐鳴湖（静岡県）	12.0
弁天川（香川県）	17.0	手賀沼（千葉県）	11.0
樫井川下流（大阪府）	15.0	印旛沼（千葉県）	9.5
国分川（千葉県）	14.0	春採湖（北海道）	9.2
見出川（大阪府）	14.0	伊豆沼（宮城県）	8.8
西除川（大阪府）	14.0	八郎湖（秋田県）	8.8
		油ヶ淵（愛知県）	8.8

は ppm）で表す。表 3-6 に日本の河川および湖沼の水質汚濁状況（BOD および COD 値）を示す。

　3)　DO（Dissolved Oxygen，溶存酸素）

　水の中に溶けている酸素を溶存酸素といい，溶存酸素量が少ない程水の汚濁度が高い。溶存酸素量は通常 10 mg/l であるが，有機物によって水が汚濁されていると微生物が酸素を使って分解するので，溶存酸素量は少なくなる。

7.　静かな時限爆弾：石綿による環境汚染

　石綿（asbestos）はアスベストとも呼ばれ（ギリシア語の"不滅のもの〔asbestos〕"に由来），蛇紋岩，角閃石に含まれる繊維状の鉱物の総称である。石綿は元素としては，ケイ素，水素，酸素，マグネシウム，ナトリウム，鉄などを含み，その優れた特性により様々な目的に利用され生産量および使用量が増大したが，石綿の健康に及ぼす影響が現在大きな社会問題となっている。

(1) 石綿の特徴と用途

石綿は，①天然繊維並みの紡織性をもつ，②酸やアルカリに侵されない，③電気絶縁性が高い，④断熱性が高い，⑤引っ張る力に強い（抗張力が高い），⑥防音性がよいなどの優れた特性をもつので，すでに古代エジプト，ギリシア，ローマ，中国文明時代から今日に至るまで広く使われてきた。その主な用途は以下の通りであるが，建造物材料に約7割使用されていた。

① 建造物材料：スレート（屋根，天井，床タイル，化粧板など），防火壁
② 耐火繊維：防火服，耐火カーテン
③ 車，船舶：ブレーキライニング，クラッチ材料，電気絶縁材料，ボイラーの断熱材料
④ 上下水道管，簡易水道管
⑤ 一般製品：鍋のとっ手，トースター，石油ストーブの芯

(2) 石綿と疾病との関連性

図 3-12 は，日本とアメリカの石綿消費量の推移である。以前は 80 万トン以上にも達していたアメリカの消費量が，最近では日本の消費量よりも下回ったのは，1970 年以降，石綿の健康への影響が大きく問題となったためである。石綿は細かな $0.02 \sim 0.2 \mu$ の繊維となって空気中を浮遊し，呼吸とともに体内に入り，肺の細胞に突き刺さり，以下の病気を引き起こす。

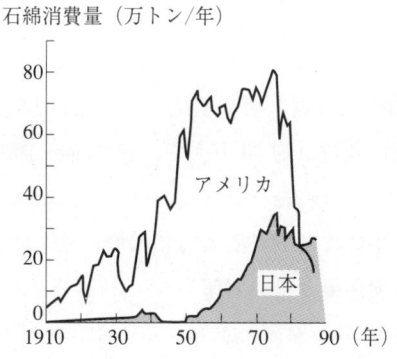

図3-12 日本およびアメリカの石綿の消費量の推移

① 石綿肺：塵肺症の一種で，欧米では19世紀ごろから石綿鉱山労働者に多く発生していた。日本でも，石綿繊維工場で働く人に多くみられた。
② 肺がん：石綿に長期間さらされた人に多く発生し，普通の人が肺がんにかかる割合の5倍以上高いといわれる。動物実験でも石綿の発がん性が証明された。アメリカでは，石綿を原因とする肺がん死亡者数は1987年～現在まで，年間約5,500人という。
③ 悪性中皮腫：胸膜にできるがんであり，きわめて珍しいがんの一種である。アメリカでは，石綿を原因とする悪性中皮腫の死亡者数は，1987年～現在まで年間約2,000人であり，日本における悪性中皮腫の患者は，1995年～1999年では平均約2,000人であるが，その後増える傾向にある。

これらの病気は石綿を吸入してからすぐに発病せず，長い期間を経て発病するため，石綿は「静かな時限爆弾」と呼ばれており，石綿吸入後，石綿肺で約10年，肺がんで約20年，悪性中皮腫で約30年たってから発病するといわれる。さらに，石綿は労災による死者全体の約10％を占めており，「最悪のインダストリアル・キラー」とも呼ばれている。とくに，1980年アメリカの映画俳優スティーブ・マックイーンが悪性中皮腫で死亡したため，石綿と肺がんや悪性中皮腫との関連性が注目をあびた。彼は俳優になる前に，船の機関室で働いていたので機械の断熱材から出てきた石綿を，さらに自動車レースにたびたび出場したのでそのときの耐火服や車のブレーキから遊離した石綿を吸入した可能性が高く，それが発病の原因ともいわれている。疫学的な統計手法で調べた最近の研究結果によると，2000年～2039年までに悪性中皮腫による死亡者数は約10万人で，1990年～1999年の死亡者数の約49倍になると予測されている。これは，若いときに石綿が大量に使われていた世代の人が，今後死亡者数が増える年齢層に差しかかるためといわれる。

(3) 石綿による環境汚染とその対策

1970年代に入って石綿が原因と思われる肺がんや悪性中皮腫が増え，動物実験による石綿の発がん性が証明されて以来，石綿を使った建物の調査や

大気中での石綿の濃度測定などが行われ，石綿の生物に対する安全性への関心が高まった。第2次世界大戦後から1970年代の間に，アメリカ，カナダ，日本など多くの国々の学校，大学，体育館，オフィスビル，倉庫，駐車場などで耐火および防音の目的のために石綿が吹き付けられたが，これらの建物内にいる人は空中に浮遊する石綿の危険にさらされるし，幹線道路ぞいでも自動車のブレーキから飛び散る石綿のためにその濃度が高い。また，石綿が吹き付けられた古いビルを解体する際，周辺の石綿濃度が高くなる。

アメリカでは，1986年公共の建物からの石綿撤去（総費用32億ドル）を義務づける法案が制定され，現在石綿の使用は禁止されている。日本においても，石綿公害が問題となり，1975（昭和50）年から石綿の「吹き付け」は禁止され，さらに耐火服やビニールタイルへの石綿の混入中止などの規制がある。1987年，石綿が吹き付けられた学校からの除去作業が各地で行われたが，石綿が吹き付けられたすべての建物から除去されたわけではない。さらに，石綿除去の際，除去作業者に防じんマスクを付けさせなかったり，付帯設備をしないで作業を行ったという場合もあり，欧米に比べて日本では石綿処理，廃棄方法などの対策が遅れている。

1991年ヨーロッパ連合（EU）は石綿の中で青石綿（クロシドライド）と茶石綿（アモサイト）の使用は禁止したが，白石綿（クリソタイル）の使用は例外的に認めていた。しかし，1999年白石綿についても2005年1月までに使用を禁止することになり，すでにデンマーク，ドイツ，イタリア，フランスなどEU加盟9ヵ国は全面禁止している。一方，日本では1995（平成7）年青石綿と茶石綿の使用が禁止されたが，白石綿は年間約10万トン輸入されており，先進国では突出した使用量である。2000年，日本の輸入量の約4割を使用している大手メーカーのクボタと松下電工が屋根建材用化粧スレートへの白石綿の使用を中止したので，日本でも石綿の全面禁止の方向に向かっている。

現在石綿の代替品として，天然の岩石や製鉄高炉の鉱滓を溶かして作ったガラス繊維，ロックウール，建築資材用合成繊維（クラロンK-2）が開発され

た。これらは，発がん性はゼロではないものの，石綿に比べてはるかに低いことが動物実験で確かめられており，建造物の断熱材に使用していた石綿をこれらの代替品に切り替えることが，環境省の委託を受けたアスベスト代替品生体影響委員会によって推奨されている。クラロン K-2 は，アスベストの使用が禁止されているドイツなどへの輸出が伸びている。今後新しい石綿の処理技術（除去，封じ込め，囲い込みなど）や廃棄方法の導入や代替品の研究開発が一刻も早く必要とされる。

8. 生物は子孫を残せるか：内分泌攪乱化学物質（環境ホルモン）の恐怖

(1) 内分泌攪乱化学物質とは

　生物には，様々な外部環境の変化にうまく対応して，その内部環境を一定に保つはたらきがあり，この現象をホメオスタシス（恒常性ともいう）という。ホメオスタシスは主として自律神経系と内分泌系によって自動調節されている。ホルモンは，内分泌腺（内分泌器官ともいう。脳下垂体，甲状腺，上皮小体，膵臓，副腎，卵巣，精巣など）から分泌される化学物質の一群であり，血流に乗って遠く離れた器官（標的器官）にはたらき，ホメオスタシスの維持に寄与している。最近ホルモンではないが，「ホルモンに類似した作用」または「抗ホルモン作用」をもつ「環境中の化学物質」の生物の生殖能力や人の健康に及ぼす影響を論じた研究が多く報告され，新しい毒性物質として注目されるようになった。この環境中の化学物質は**内分泌攪乱化学物質**（endocrine-disrupting chemical）と呼ばれるが，わが国では通称「**環境ホルモン**（environmental hormone）」と呼ばれ，マスコミ関係で広く使われている。しかし，環境ホルモンという用語は，研究者の間では定着した名称ではない。

　内分泌攪乱化学物質は外因性内分泌攪乱物質（environmental endocrine disruptor）または内分泌攪乱物質（endocrine disruptor）とも呼ばれるが，環境エストロゲンと以前いわれたように，女性ホルモンであるエストロゲンに類似した作用をもつ化学物質が多い。1996年コルボーン，ダマノスキおよび

マイヤーズが1冊の本,『奪われし未来 (*Our Stolen Future*)』を出版して内分泌攪乱化学物質の生物への影響を訴えたことから世界的な反響を呼び,内分泌攪乱化学物質は一層広く知られるようになった。1997年のスミソニアンワークショップでは,内分泌攪乱化学物質は以下のように定義されている：生体のホメオスタシス,生殖,発生あるいは行動に関与する種々の生体内ホルモンの合成,貯蔵,分泌,体内輸送,結合,そしてそのホルモン作用そのもの,あるいはそのクリアランスなどの諸過程を阻害する性質をもつ外来性の物質。

(2) 代表的内分泌攪乱化学物質とその用途

代表的な内分泌攪乱化学物質とその用途・概略および構造をそれぞれ表3-7および図3-13に示す。

環境庁(当時名)の報告書では,表3-7に示された内分泌攪乱化学物質も含めて67種類の物質があげられているが,今後さらに増える可能性がある。先に述べたPCBおよびダイオキシンは,発がん性などの毒性を直接生物に示すだけでなく,環境中に放出されたこれらの物質が極微量で生物の内分泌

表 3-7　内分泌攪乱化学物質とその用途・概略

内分泌攪乱化学物質	用途・概要
PCB	電気絶縁体, 展着剤, 熱媒体 1972年製造・使用禁止
ダイオキシン	除草剤中の副生成物 ごみ焼却炉や製紙工場より排出
DDT	殺虫剤　　1981年製造・輸入禁止
ディルドリン	マツクイ虫・シロアリ駆除剤　　1981年使用禁止
アルキルフェノール (ノニルフェノール, 4-*t*-オクチルフェノールなど)	非イオン性界面活性剤の原料, 工業用洗剤, 分散剤, プラスチックの添加剤
ビスフェノールA	ポリカーボネート樹脂の原料, 食器, 哺乳びん
有機スズ (トリブチルスズなど)	船底, 養殖用漁網塗料 1997年国内では生産中止
フタル酸エステル	プラスチック (塩化ビニルなど), 合成ゴムなどの可塑剤

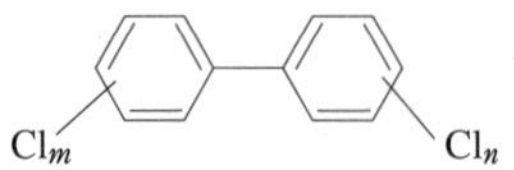

PCB

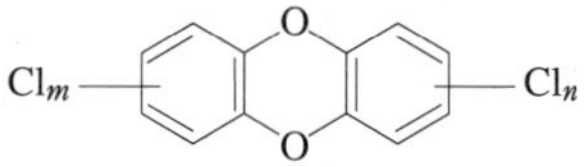

ダイオキシン
(PCDD)

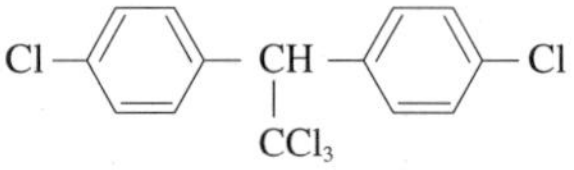

DDT

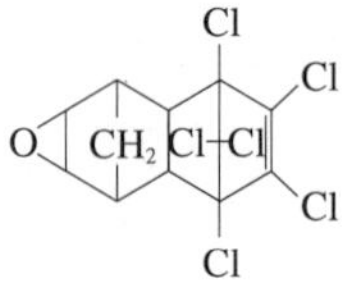

ディルドリン

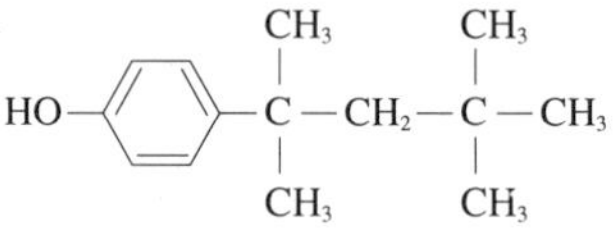

4-*t*-オクチルフェノール

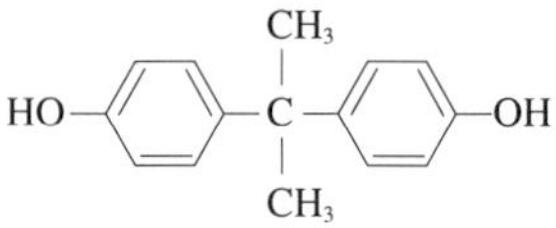

ビスフェノールA

$Sn(C_4H_9)_3$

トリブチルスズ

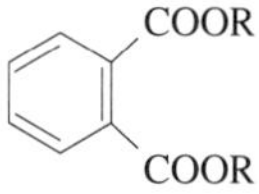

フタル酸エステル

図 3-13　内分泌攪乱化学物質の構造

機能に悪影響を与えることを示している。

(3)　内分泌攪乱化学物質の生物への影響

1）野生動物の生殖能力の低下

野生動物に対する内分泌攪乱化学物質の様々な影響が報告されている。アメリカ，フロリダ州のアポプカ湖に棲む雌ワニが産んだ卵の18％しか孵化せず，孵化したワニの子供のうち半数は10日ほどで死に，さらに雄のワニのペニスが矮小化し，生殖能力がなくなっていることがわかった。これは湖岸にある化学会社から1980年に流失したディコフォル（DDT近縁の殺虫剤）やDDE（*p,p'*-ジクロロジフェニルジクロロエチレン。DDTの代謝産物でディコフォルからも生成される）によってワニの生殖能力が損なわれたことによる。また地中海のシマイルカの大量死はPCBが原因とされている。アメリカ産または

日本産の猛禽類（ハクトウワシ，オオワシ，クマタカなど）に繁殖異常がみられ個体数が減少しているが，体脂肪中のPCBおよびDDT濃度が高いことから，PCBおよびDDTの影響が懸念されている。その他の野生動物では，クジラやタヌキにもPCBが高濃度で検出されており，とくにクジラにおいてPCBの濃度が高い。

一方，トリブチルスズはイボニシやバイガイなどの巻貝の雌に，雄の生殖器官（ペニスおよび輸精管）ができる現象（雌が雄性化した疑似雌雄同体現象。インポセックスという）を引き起こし，日本および世界中の100種類以上の巻き貝にインポセックスが発生している。また，日本沿岸のアワビの卵巣中に，精子や精子になる前の精細胞（精母細胞）がみられるという生殖異常がみつかっており，異常のあったアワビにトリブチルスズの濃度が高いことから，トリブチルスズが原因ではないかといわれている。有機スズは，陸上動物（ヒト，ネコ，カラス，タヌキ，カモシカなど）においても検出され，陸上動物にも汚染が広がっている。これは有機スズが蓄積した魚介類を食べたことにより，陸上動物にも有機スズが検出されたと考えられる。

イギリスの河川の排水口付近から雌雄両性のローチ（コイの一種）や雌性化したニジマスが発見され，このメス化現象に対し合成洗剤の分解によって生じるアルキルフェノール類（ノニルフェノールなど）が疑われている。ヨーロッパやアメリカの河川から捕獲されたニジマスの雄の血清中には，雌にしかないはずの卵黄タンパク質（ビテロゲニン。雌特異的タンパク質）が検出されている。1998年および2001年の調査では，多摩川など日本の11河川や放水路において捕獲した雄のコイの約25％にビテロゲニンが検出された。コイのメス化がみられた日本の河川では，ノニルフェノール濃度が高く，この内分泌攪乱化学物質の影響が確認されたことになった。最近の環境省の調査によると，ノニルフェノールに加えて，4-t-オクチルフェノールが内分泌攪乱化学物質の作用があることが確認されている。海にすむ魚，たとえば，コノシロ，マハゼ，ボラ，カレイの雄にもメス化の現象がみられている。一方，ビスフェノールAが超微量でも生物に影響があるという報告が相次いでいる。

たとえば，妊娠マウスへ微量のビスフェノールA（2～20 ng/kg 体重/日）を投与すると，生まれた雄のマウスの前立腺などに影響が現れた（アメリカ）。

2） 人の健康障害

内分泌攪乱化学物質の人の健康へ及ぼす悪影響について懸念されているが，現在内分泌攪乱化学物質との関連が疑われている人の健康障害をあげてみる。

① 精子数の減少，精子運動能力の低下，精子奇形率の増加：1992年デンマークのスカ(ッ)ケベックが過去50年間で精液中の精子数が半減したと報告して以来，相次いで精子数の減少の報告があるが，研究者によっては減っていないと発表している場合もあり，この問題について論議されている。今後は集まった精子の取り扱いや分析法に注意しながら様々なデータを集めて真相を追究しなければならないとともに，精子数の減少と生殖能力の低下の関係も検討しなければならない。さらに，人（動物）の発生中のどの時期に，どんな内分泌攪乱化学物質に曝露された場合生殖能力に影響を及ぼすのかなど曝露のタイミングの問題が解明されなければならない。一説では，動物の発生中の臨界期（ホルモンなどに対する感受性が高く，不可逆的な反応が起こるような発生の時期。臨界期は動物によって異なる）への曝露が重要といわれている。

② 精巣がん，外部生殖器の発育不全増加：ヨーロッパでは過去50年の間に，若年層の精巣がんが3倍に増え，さらに精巣の下降不全（停留精巣）が倍増しているので，胎児期における内分泌攪乱化学物質の曝露が原因ではないかと疑われている。しかし，食生活などのライフスタイルの変化の影響も考えられ，内分泌攪乱化学物質とこれらの障害との関連性を明らかにするには今後調査研究が必要である。

③ 子宮内膜症，不妊症：子宮内膜症とダイオキシンとの関係を指摘する報告もあるが，子宮内膜症はダイオキシン，PCBおよびDDTのような内分泌攪乱化学物質とは関連性がないという報告もあり，因果関係は明らかではない。一方，子宮内膜症の患者の腹水に高濃度のビスフェノールAが含まれており，ビスフェノールAと内膜症との関連性が指摘

されている。また，①，②の場合と同様に胎児期に内分泌攪乱化学物質に曝露されると子宮内膜症の下地ができるとの説もあり，今後の疫学データの集積を待たなければならない。

④　行動障害，学習障害：ダイオキシン類（PCDD，PCDFおよびコプラナーPCB）の毒性については本節の5. および6. においてすでに述べたが，ダイオキシン類が甲状腺ホルモンの分泌を低下させたり，またはホルモンの作用を攪乱することが知られている。甲状腺ホルモンは脳と神経の発達に必須なので，甲状腺ホルモンの分泌や作用の攪乱は知能の低下，行動障害および学習障害を起こす可能性があり，胎児期，乳児期におけるダイオキシン類の曝露が問題となる。

⑤　アレルギー，自己免疫疾患：花粉症やアトピー性皮膚炎など免疫に関係する疾患が増えているので，これらの疾患の増加には内分泌攪乱化学物質が関与しているともいわれるが，これらの疾患の要因と内分泌攪乱化学物質との関係は今のところ明らかではない。

3) 今後の課題

化学物質の安全基準は，実験動物を用いた急性毒性試験および慢性毒性試験によってその化学物質の安全許容量などが決められ，いわば大量に曝露された場合を考慮したものである。しかし，内分泌攪乱化学物質は，わずかな量で，そしてホルモンのような顔をして生体内のホルモンのはたらきを攪乱し，遺伝子に作用する。しかもその作用は世代を超えて生殖に影響を与える場合が多くあると考えられ，世代を超えた「新しい毒性」ともいわれている。内分泌攪乱化学物質の生物への影響を明確にするには，以下の研究テーマが重要となろう。

①　内分泌攪乱化学物質の発生・分化中の胚または胎児への影響ならびに次世代または先の世代への影響
②　内分泌攪乱化学物質の生物濃縮と分解機構の解明
③　環境中の内分泌攪乱化学物質の量，人体（動物）への曝露量および蓄積量の把握

④　内分泌攪乱化学物質の低用量効果とその作用機構
⑤　内分泌攪乱化学物質の作用を調べる試験法の開発

　内分泌攪乱化学物質のヒトおよび野生生物への作用を調べる試験法はまだ万全ではないので，内分泌攪乱化学物質の生殖作用に及ぼす影響を確立するにはもう少し時間が必要であるが，2002年世界保健機構（WHO）は，人や野生動物の内分泌を乱す化学物質の存在を公式に認めた。一方，環境省による調査では，ノニルフェノールと4-t-オクチルフェノールに女性ホルモン様作用が確認された。さらに，PCBなどが甲状腺ホルモンを攪乱し，脳に悪影響を与えたという実験結果も報告されている。内分泌攪乱化学物質の問題は，何といってもわれわれ人間があまりに多くの化学物質をつくり過ぎ，消費し，廃棄したことが一番の要因と考えられる。今後はなるべく化学物質を使わないことおよびごみの減量，分別など環境に配慮したわれわれ自身の姿勢が求められている。

第3節　化学物質の生体への影響

　化学物質の生産とエネルギー資源の開発は，われわれの生活に便利さと豊かさをもたらしたが，われわれは産業を中心とした豊かさの追及のみに専念し，環境とそこに棲息する生物への配慮が足りなかった（またはほとんどなかった）ために，多くの環境汚染・破壊問題に直面した。人類が合成した化学物質は中間体も含めて100万種類以上といわれるが，ここでは環境汚染物質も含めた化学物質が生体へ侵入した場合，生体にどんな影響を与えるかを考えてみたい。

1.　生体は巧みに化学物質を排除する：生体防御機構

　人間が合成した化学物質には，無機物，高分子化合物，低分子化合物などが含まれ，それらは元々生体に存在しないことから，異物（foreign compound）と呼ばれたが，生体にとって本来無縁であるという意味から**ゼノバ**

イオティクス（xenobiotics，メーソン〔H. S. Mason〕が 1965 年に称えた言葉で，ギリシア語の xenos〔異国人，なじみにくい〕と bios〔生命，生活〕に由来し，stranger to life という意味）とも呼ばれる。ゼノバイオティクス（化学物質）は，非生体物質，生体異物，外来異物とも呼ばれ，ゼノバイオティクスの大部分は低分子有機化合物が占めている。よって本書では，ゼノバイオティクス＝低分子有機化合物の意味で用いることとする。ゼノバイオティクスの代表的なものは薬物（治療用医薬品だけでも 10 万種類以上あるといわれている），合成染料，食品添加物（色素，防腐剤，人工甘味料など），農薬（殺虫剤，除草剤など），洗剤，環境破壊・汚染物質（フロン，ハロン，PCB，ダイオキシン，トリクロロエチレン，環境ホルモンなど）であり，環境問題と関係の深いものが多い。本書では，ゼノバイオティクスの生体内における代謝およびゼノバイオティクスと健康・疾病との関連について述べてみたい。

　生体は自己と異なるもの（異物，非自己）が侵入すると，それを排除する仕組みをもっている（図 3-14）。異物のうち高分子有機化合物（毒素タンパク質，多糖類など），細菌，ウイルス，真菌（カビ）などの微生物，他の生物の細胞などの侵入に対する防御機構は免疫機構であり，リンパ球，多形核白血球，単球，マクロファージ，補体などがその役目を担う。一方，低分子有機化合物（ゼノバイオティクス）の侵入に対しては上記の機構とは大きく異なり，高等動物の場合，主として肝臓に存在する「シ（チ）トクロム P-450（P-450 と略）を含む水酸化（ヒドロキシル化）酵素」と「抱合酵素」がその排除に関与している＊（図 3-15）。

　ゼノバイオティクスが生体に侵入すると，最初 P-450 によって水酸化（ヒドロキシル

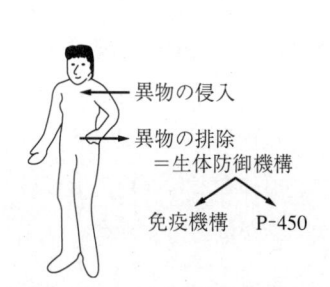

図 3-14 自己と異なるもの（異物）の侵入と生体防御

＊これら 2 種類の酵素以外にも，ゼノバイオティクスの排除に関与している酵素は存在するが，ゼノバイオティクスの排除の大部分はこれら 2 種類の酵素が担当しているので，本書では P-450 水酸化酵素と抱合酵素の機能について述べる。

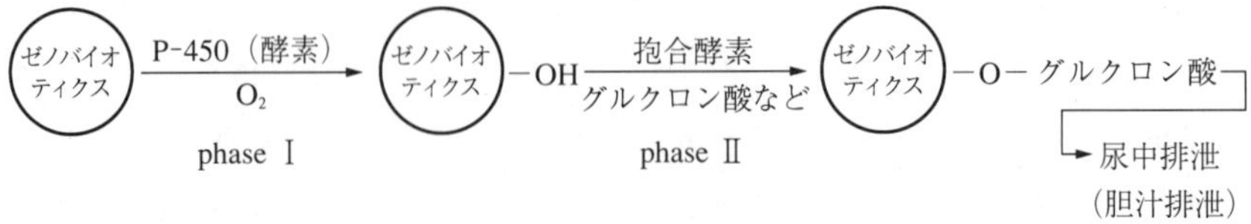

```
ゼノバイオ   P-450（酵素）   ゼノバイオ        抱合酵素       ゼノバイオ
ティクス   ──────────→   ティクス  -OH ─────────→  ティクス  -O- グルクロン酸 ┐
              O₂                      グルクロン酸など                            │
            phase I                      phase II                                 ↓
                                                                              尿中排泄
                                                                              （胆汁排泄）
```

図 3-15 ゼノバイオティクス（化学物質）の生体からの排除機構

化）され（phase I），次に抱合酵素の作用によって，この水酸化されたゼノバイオティクスにグルクロン酸，アミノ酸，硫酸，グルタチオンなどの水溶性化合物が結合する（phase II，「抱合〔反応〕」ともいう）。その結果水溶性化合物となったゼノバイオティクスは尿中または胆汁中にすみやかに排出される。ゼノバイオティクスは一般には脂溶性化合物なので，これに水酸基（ヒドロキシル基）を導入し，極性の高い化合物に変換すること（極性化, 水溶性化）がP-450の役割といえる。抱合酵素はゼノバイオティクスを一層水に溶けやすい化合物に変換する役割をもつ。P-450と抱合酵素は，ゼノバイオティクスを水溶性化合物に変換する役割のほかに，ゼノバイオティクスの薬理作用や毒性を弱めるか消失させる機能ももっている。これらの酵素によるゼノバイオティクスの排除の機構は**解毒機構**とも呼ばれ，薬物代謝，環境汚染物質の排除などにおいて重要である。これら2種類の酵素のうち，高等動物の解毒機構において中心的役割を果たしているのはP-450であり，P-450は解毒作用以外にも様々な機能をもつスーパー酵素である。このように高等動物では，解毒機構におけるP-450の役割は詳しく調べられているが，細菌，下等動物，植物などにおいてP-450がゼノバイオティクスの排除に関与しているかどうかは不明である。

2. 化学物質（ゼノバイオティクス）を処理するスーパー酵素：P-450

P-450は化学物質のうちゼノバイオティクス（低分子有機化合物）が生体へ侵入した場合，それを排除して生体を守る役割をもつ酵素である。P-450の構造，性質および機能について述べてみよう。

(1) P-450の名前の由来

1958年,クリンゲンベルグ (M. Klingenberg) とガーフィンクル (D. A. Garfinkel) は,それぞれ独立に動物の肝臓ミクロソーム（真核細胞のホモジネートから,低速遠心により核やミトコンドリアを除いて得られる上清画分を,さらに高速遠心〔通常100,000×g〕したのち沈降してくる超微粒体。これは小胞体の破片が小胞化したもの）にCO（一酸化炭素）結合性の色素をみいだしたが,その本体はよくわからなかった。1962（昭和37）年,大阪大学の蛋白質研究所の佐藤了 (1923-1996) と大村恒雄 (1930-) は,このCO結合性色素は新しいヘムタンパク質であることを証明した。この色素タンパク質の還元状態（型）のCO-差スペクトルが450 nmに特異的な吸収をもつことから,pigment（色素,絵の具の意味）450 (P-450) と名付けた（図3-16）。その後P-450はシ（チ）トクロム（ヘムタンパク質のうち,電子伝達系の構成成分を成すタンパク質をいう）の性質をもつことが示されたので,シ（チ）トクロムP-450と呼ばれるようになった。

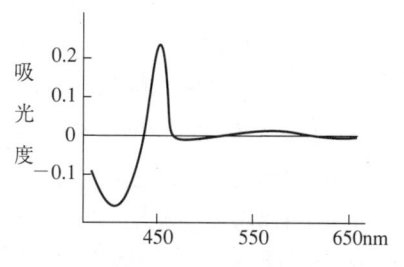

図3-16 シトクロムP-450のCO-差スペクトル

(2) P-450の分布

P-450は細菌,真菌（カビ）,高等植物,昆虫,鳥類,魚類,両生類,哺乳類など,微生物から高等動物に至るまで広く存在する。高等動物のP-450の組織内分布をみると,肝臓にもっとも多く含まれ,副腎皮質,腎臓,肺にも比較的多い。副腎以外の内分泌腺（脳下垂体,精巣,卵巣,胎盤）,小腸,脳,皮膚,眼球,血管壁,血小板,白血球などにも含量は低いながら存在する。細胞内分布をみると,P-450は小胞体にもっとも多く含まれ,次いで核膜に多い。ミトコンドリア,ゴルジ装置,ペルオキシゾームなどにも存在する。

(3) P-450の化学的,酵素学的性質およびP-450依存酵素系の成分

P-450の特徴をまとめると以下のようになる。

1) 分子量

44,000～60,000 の間にあり，それほど大きなタンパク質ではない。

2) 分子多様性

各臓器，組織に存在する P-450 は 1 種類のみではなく数(十)種類の P-450 が存在する。これを P-450 の「分子多様性」という。たとえば，ウサギおよびラットの肝臓ミクロソームには，それぞれ 20 種類および 25 種類以上の P-450 が存在し，これまで 2000 種類以上の P-450 が様々な生物種から分離精製されている。P-450 の分子多様性は生体を守るうえで好都合であり，生体に入り込んだゼノバイオティクスは多種類の P-450 により能率よく，速やかに処理される。もし生体に 1 種類の P-450 しか存在しないならば，ゼノバイオティクスを能率よく，酸化(処理)できないことになり，ゼノバイオティクスは生体に長い間残留し生体に様々な影響を与える。P-450 の遺伝子レベル面からみた場合，たった 1 つの P-450 遺伝子が何らかの原因で損傷されると P-450 が生成されなくなり，生体は侵入したゼノバイオティクスの処理ができなくなる。よって多くの P-450 遺伝子があった方が生体にとってより安全である。

3) 触媒作用

P-450 は(1)式および(2)式に示される反応を触媒する。

$$RH + NAD(P)H + H^+ + O_2 \xrightarrow{P\text{-}450} R\text{-}OH + NAD(P)^+ + H_2O \quad (1)$$

ゼノバイオティクス

$$RCH=CHR' + NAD(P)H + H^+ + O_2 \xrightarrow{P\text{-}450} \overset{O}{RCH - CHR'} + NAD(P)^+ + H_2O \quad (2)$$

二重結合を含むゼノバイオティクス

(1)式が示すように，P-450 は基質(この場合ゼノバイオティクス)の水酸化(ヒドロキシル化)反応を触媒するが，電子供与体として NADPH または NADH を必要とし，分子状酸素の 1 原子がゼノバイオティクスに取り込まれ，もう 1 個の酸素原子は水に還元される。(2)式は，炭素－炭素間二重結合を含むゼノバイオティクスに対しては，P-450 はエポキシ化反応を触媒する。

このエポキシ化反応は後で述べる P-450 による発がん物質の生成に大いに関係がある。

4) 誘導現象

ある種のゼノバイオティクスを投与すると，生体内で P-450 含量が増す。これはゼノバイオティクスの侵入によって新しく P-450 が生成したことによるもので，P-450 の「誘導（現象）」という。たとえば，フェノバルビタール（催眠剤，鎮静剤）に代表される種々の薬物，3-メチルコランスレン（発がん物質）などの多環芳香族炭化水素，PCB，ダイオキシン（PCDD）などの環境汚染物質，エタノールなどを投与すると肝臓をはじめ種々の臓器・組織において P-450 が誘導される。この誘導現象も生体防御にとって都合のよい現象である。

5) 基質特異性が異常に広い

高等動物の肝臓の P-450 は，化学的構造上類似点をもたない非常に多くの種類のゼノバイオティクスを処理できる。これを P-450 の基質特異性が広い（異常に低い）または P-450 には基質特異性がほとんど認められないという。一般に酵素は，一定または類似した構造をもつ基質にしか作用しないという基質特異性をもつが，P-450 は一般の酵素とはこの点に関して非常に異なる性質をもち，P-450 のこの異常に広い基質特異性は謎とされている。しかし，P-450 の異常に広い基質特異性も，生体にとってやはり好都合なのである。われわれは化学構造が違う多種多様な化学物質（ゼノバイオティクス）を合成しており，多くのゼノバイオティクスが生体に侵入する可能性があるが，P-450 はこの不特定多数のゼノバイオティクスを酸化的に解毒し，生体を守っているわけである。このように P-450 は生体に侵入するほとんどすべての脂溶性ゼノバイオティクスを処理することができるので，「スーパー酵素（万能酵素）」といわれる。

6) P-450（依存）水酸化酵素系の成分

一般に多くの酵素は単体で作用するが，P-450 が作用するには NADPH（まれに NADH）の還元力を伝えるタンパク質が必要である。したがって

P-450が触媒する反応には2種類以上のタンパク質が関与するので，P-450 (依存)水酸化酵素系と呼ばれ，ミクロソーム型とミトコンドリア型の2種類に分けられる。

 ⅰ) ミクロソーム型 P-450 水酸化酵素系の構成成分：NAD(P)H-シトクロム P-450 還元酵素（フラビン酵素），シトクロム b_5，P-450

 ⅱ) ミトコンドリア型 P-450 水酸化酵素系の構成成分：NAD(P)H-鉄硫黄タンパク質元酵素（フラビン酵素），鉄硫黄タンパク質（フェレドキシンなど），P-450

(4) P-450 による化学物質（ゼノバイオティクス）の不活性化の例

すでに述べたように，P-450 は体内に入ったゼノバイオティクスの薬理作用や毒性を弱めたり，または消失させることにより生体を守るが，その具体的な例をいくつか示す（図 3-17(a)～(d)）。

 1) フェノバルビタールの酸化

フェノバルビタールはバルビツール系催眠剤の一種で，体内に入ったあと P-450 によって側鎖が水酸化され，不活性体となる。

 2) アミノピリンの酸化

アミノピリンは解熱鎮痛剤として長い間使われていたが，アレルギーによる発疹などの副作用があるので，現在使用が制限されている。アミノピリンも P-450 によって不活性化される。

 3) アンフェタミンの酸化

アンフェタミンは覚醒アミンと呼ばれ，メタンフェタミン（ヒロポン）とともに覚醒剤の一種である。P-450 によって酸化されたのち不活性体のフェニルアセトンになる。

 4) アルコールの酸化

アルコール（エチルアルコール）主に肝臓のアルコール脱水素酵素およびアルデヒド脱水素酵素によって代謝されるが，P-450 もアルコールの酸化に酸化に関与している。アルコール代謝における P-450 の役割に関して以下の興味ある結果が得られている。

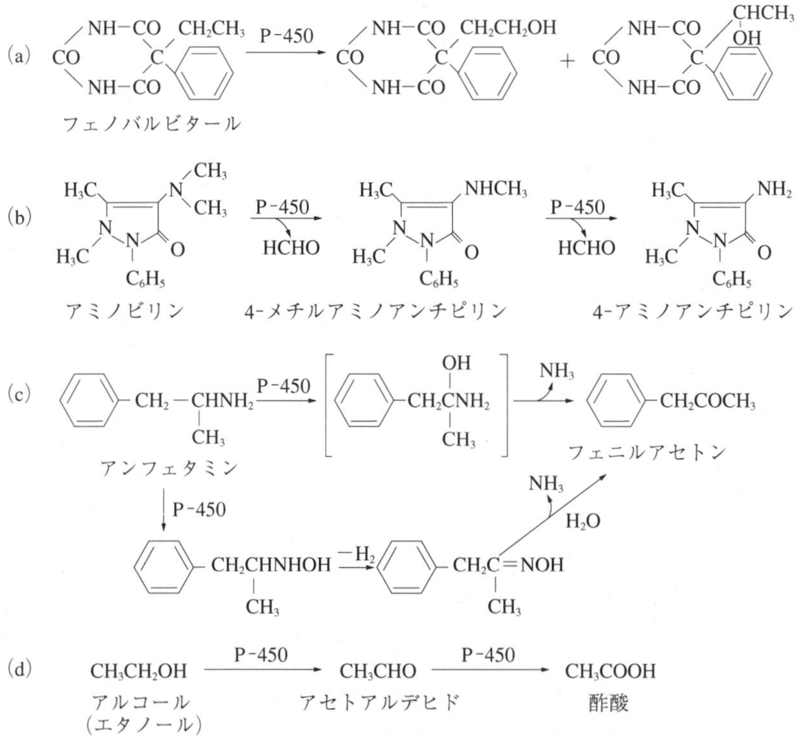

(a) フェノバルビタール → [P-450酸化生成物]

(b) アミノピリン → 4-メチルアミノアンチピリン → 4-アミノアンチピリン

(c) アンフェタミン → フェニルアセトン（P-450経路）

(d) $CH_3CH_2OH \xrightarrow{P-450} CH_3CHO \xrightarrow{P-450} CH_3COOH$
アルコール（エタノール）　アセトアルデヒド　酢酸

図3-17　P-450によるゼノバイオティクス（化学物質）の酸化

① お酒（アルコール）が飲めない人でも，付き合いで毎晩飲んでいると酒に強くなるのは，アルコール摂取によりP-450が誘導・増加され，活発にアルコールを処理することによる。

② 大酒飲みの人やアルコール依存症の人に薬が効かなくなるのは，アルコール摂取によるP-450の誘導・増加により，P-450による薬の解毒作用が増強するからである。

③ お酒と薬を一緒に飲むと薬が効き過ぎるのは，P-450がお酒の処理に使われ，薬の解毒作用まで手がまわらなくなるからである。その結果，薬が効き過ぎたり，副作用が増強される。

第3章　人と環境の化学　145

3. P-450 の反乱：発がん物質の生成

　P-450 はゼノバイオティクスを酸化することによって，ゼノバイオティクスの薬理作用（または毒性）を弱めるかまたは消失させ，生体を防御している。したがって P-450 は生体を守るために合目的的にはたらいているはずである。しかし，P-450 によって酸化されたゼノバイオティクス（代謝産物という）が薬理作用や毒性（たとえば，発がん性）を発現したり，母化合物（出発物質）よりも代謝産物が一層薬理作用（毒性）を示すことがある。これを P-450 によるゼノバイオティクスの活性化という。生体を守るはずの P-450 が生体に不利にはたらくという事実は，たとえていうならば P-450 の「反乱」または「裏切り」いえよう。しかし，これは P-450 が悪いのではなく，P-450 が作用した結果毒性や薬理作用を生じるゼノバイオティクスを摂取すること（またはそのようなゼノバイオティクスを人間が合成したこと）がよくないのである。P-450 によるゼノバイオティクスの活性化の例をあげるとともに，P-450 によるゼノバイオティクスの活性化（薬理作用〔毒性〕の発現および増強）は，われわれの健康および病気と密接な関係があることに注意したい。

(1) P-450 による化学物質（ゼノバイオティクス）の活性化

　表 3-8 は P-450 によるゼノバイオティクスの活性化の例をまとめたものである。

　環境汚染物質としてすでに述べた PCB はそれ自体毒性が低いが，P-450 による代謝産物は約 5 倍も毒性が高い。水道水の汚染物質として問題となっているトリハロメタンやトリクロロエチレンも P-450 によって活性化され，その代謝産物が発がん性を示す。特に深刻な問題は，ベンゾ [a] ピレン（3,4-ベンゾピレンともいう）に代表される多環芳香族炭化水素が P-450 によって発がん物質へ変換することである。ベンゾ [a] ピレンはタバコの煙，車の排気ガス中，コールタールなどに含まれ，それ自体無害であるにもかかわらず生体内で P-450 および他の酵素の協同作用によって代謝されたジオール-エポキシ体が DNA と結合して DNA の構造をねじ曲げ，発がんの引き

表 3-8　P-450 によるゼノバイオティクスの活性化

出 発 物 質	存在，種類など	代謝産物の主な作用
テトラヒドロカンナビノール	大麻の有効成分	幻覚，多幸感，妄想
フェナセチン	薬物	解熱，鎮痛作用
イミプラミン	薬物	抗うつ作用
エフェドリン	アルカロイド	気管支筋弛緩作用
多環芳香族炭化水素(ベンゾ[a]ピレンなど)	タバコ，車の排気ガス	発がん作用
PCB	環境汚染物質	細胞毒性（特に肝臓）
トリハロメタン，トリクロロエチレン	環境汚染物質	発がん作用
パラチオン	農薬	殺虫作用
ヘプタクロール	農薬	殺虫作用
アフラトキシン	カビが産生する毒素	肝がん，肝毒性（潰瘍，壊死）
Trp-P-1, Glu-P-1 など	魚を焼いた煙，焼けこげ	変異原性，発がん性

金になる（図 3-18）。この場合 P-450 によるエポキシ化反応が発がん物質の生成に深く関わっている。

　長年にわたる喫煙が肺の機能を低下させたり，慢性の肺疾患や肺がんの発症の原因となっていることは医学的に証明されており，喫煙の健康に及ぼす影響（たとえば，家庭，職場，公共の場所における喫煙，タバコの煙の受動喫煙など）が大いに問題となっているが，最近肺の P-450 と肺がんとの関連性を示す新しい事実がわかったので，以下にまとめてみた。

①　ベンゾ[a]ピレンなど多環芳香族炭化水素を代謝する肺の P-450（正確には P-450 1 A 1 という分子種）は人によって異なり，この P-450 には A, B, C の 3 種類の型が存在する（P-450 遺伝子の差異によって 2 種類以上の P-450 が生じるので，これを P-450 遺伝子の「多型」という）。ベンゾ[a]ピレンを活発に発がん物質に変換する P-450 C 型をもっている人は日本人の場合，10 人中 1 人の割合で存在する。

②　P-450 C 型の人は，P-450 A 型または B 型の人に比べて 3.2 倍も肺がんになる危険率が高い。

③　P-450 C 型をもっている人は喫煙本数が少なくても肺がんの危険率は高い（たとえば，1 日の喫煙本数が 20 本以下で集団で比べた場合，C 型の人の危険度は 7.3 倍）。

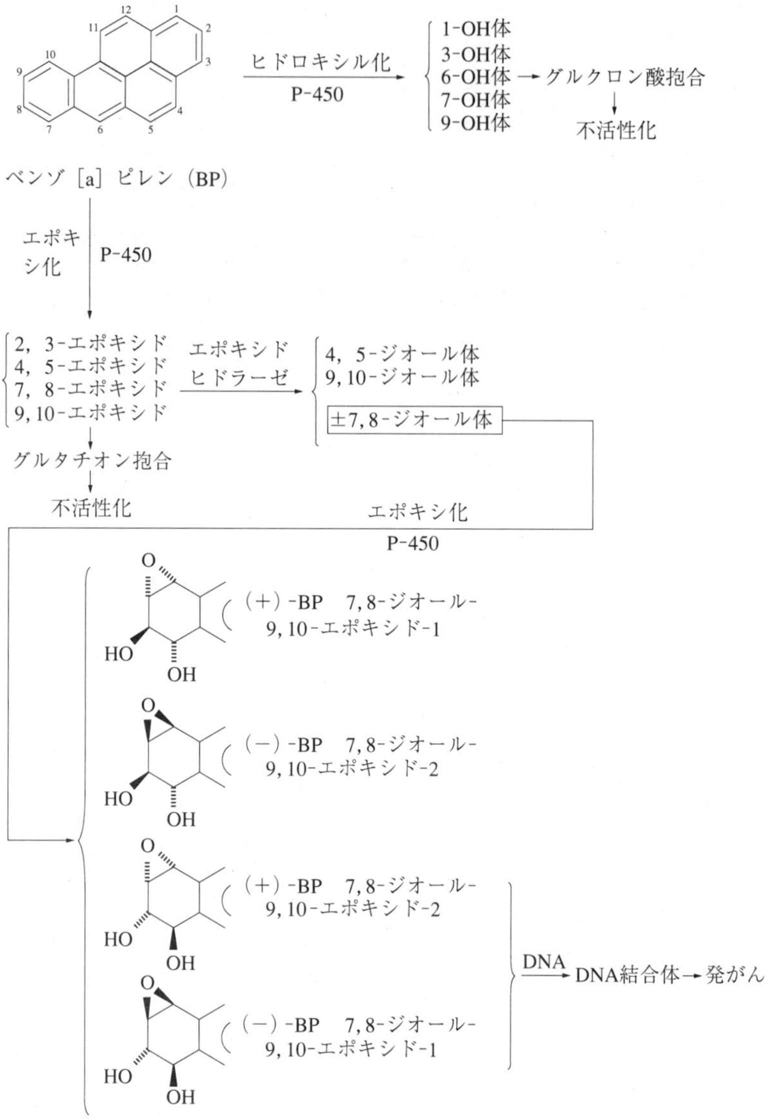

図3-18 ベンゾ[a]ピレンの代謝経路

非喫煙者と喫煙者との肺がん死亡率を比べた場合，1日の喫煙本数が1〜9本の人でさえも2.2倍高く，50本以上の人では15.1倍も高いなど喫煙が有害であることが明らかとなっているが，P-450の研究からも喫煙の害が明確となった。タバコの煙には，ベンゾ［a］ピレンのほかにニトロソアミン類，3-ニトロベンズアントロンなどの発がん物質も含まれ，喫煙はまさに百害あって一利ないものである。喫煙と疾病についての疫学調査結果や受動喫煙についてまとめてみた。ちなみに，受動喫煙で吸う煙（副流煙）のほうが，喫煙者自身が吸う煙より，一酸化炭素やベンゾ［a］ピレンなどの有害物質が多く含まれていることが知られている。

① イギリスの王立がん研究所の疫学研究では（1995年発表），イギリスでは習慣的喫煙者の約50％は喫煙に関連した疾患が原因で死亡していた。

② アメリカ，ハーバード大学の公衆衛生学部の調査（1996年）では，アメリカ人のがん死亡者数の30％は喫煙が原因であり，単一の要因としては，喫煙はもっとも致死的な発がん物質であると報告している。喫煙者は非喫煙者に比べて，肺がんで8倍，膀胱がんで2倍にリスクが増加するという。

③ 日本の国立がんセンターの調査（2001年）では，日本で肺がんで亡くなる非喫煙者の8人に1人は，受動喫煙が原因となっている。いい換えると，これはタバコを吸う人はまわりの非喫煙者を年間1,000人から2,000人も肺がんで殺していることに相当するという。WHOの資料（2001年）でも，人口100万人あたり，147〜251人が受動喫煙による病気で死亡していると推定している。アメリカ国立がん研究所の報告によると，受動喫煙が引き起こす心臓病で，アメリカ国内で3.5〜6.2万人が死亡している。役所，オフィス，駅のホームなどに空気清浄機をおいた「喫煙コーナー」があって分煙が進んだようになっているが，清浄機だけでは受動喫煙が防げないことがわかっている。

④ 厚生労働省による過去10年間の追跡調査（報告書は2002年）では，喫煙者は非喫煙者に比べて，がんや心臓病による死亡率が男性で1.6倍，

女性で1.9倍高く，タバコを吸わなければ男性の死亡の5人に1人は防げたことが明らかとなった。
⑤ 2002年のWHOの調査では，世界では毎年喫煙による疾患が原因で490万人が死亡しており，発展途上国では喫煙者数が増えていることから，2030年には死亡者数は少なくとも1,000万人に達すると予測している。
⑥ 妊娠中にタバコを吸うと，胎児への酸素と栄養を運ぶ役目の胎盤が低酸素となり，胎児の発育障害や先天異常が増え，出産後突然死など重大な影響があるので，妊婦の喫煙はもちろん，父親や周囲の人も妊婦のそばでの喫煙をやめるように，母子手帳でも警告している。

WHOは，タバコの広告や自動販売機の規制など盛り込んだ枠組み条約の策定を始めており，喫煙による健康被害を減らす努力につとめている。日本では2002年現在，成人喫煙者率が男子で約49.1％，女子で14.0％となっており（全体の喫煙率は30.9％），依然として他の先進諸国に比べて高い（しかし，7年間連続で喫煙率は減少している）。喫煙を半減することによって，喫煙を原因とする様々な疾病も減り，医療費や休業損失を2兆円減らすことができるという報告もあり，1日も早いタバコの規制対策が望まれている。

(2) 抱合酵素によるゼノバイオティクスの活性化

抱合酵素によるゼノバイオティクスの抱合反応は，P-450による酸化反応と同様に生体防御の役割を果たしているが，最近抱合体となることが逆に毒性を増す場合が知られるようになった（表3-9）。

P-450および抱合酵素によるゼノバイオティクスの発がん物質や変異原物

表3-9 抱合反応によるゼノバイオティクスの活性化

ゼノバイオティクス	用途	抱合の種類	抱合体の主な作用
2-アセチルアミノフルオレン	試薬	硫酸抱合	発がん性
4-アミノアゾベンゼン	アゾ染料	硫酸抱合	発がん性，変異原性
4-アミノビフェニル	試薬	グルクロン酸抱合	発がん性
2-ナフチルアミン	染料の原料	グルクロン酸抱合	発がん性
1,2-ジブロモエタン	試薬	グルタチオン抱合	変異原性

質への変換は生体にとって不都合であるが、ゼノバイオティクスの90％以上はこれらの酵素によって不活性化され、活性化されるゼノバイオティクスは少数にすぎないと考えてよい。われわれはその少数のゼノバイオティクスをできる限り体内に取り入れないようにしなければならないし、新しく合成されたゼノバイオティクスの生体への影響を十分調べたうえで使用することも忘れてはならない。

4. P-450のもう一つの役割：内在性基質の代謝

P-450はゼノバイオティクスの代謝のほかに、内在性基質（元々、生体に存在する物質のことで、生理的基質または生物学的基質ともいう）の代謝に深く関わり、われわれの生命維持に欠くことのできない酵素である。

(1) 脂肪酸のω酸化

脂肪酸のω酸化は図3-19に示すように2段階の行程からなり、P-450は最初の行程である脂肪酸のω水酸化反応を触媒する。ω酸化は飢餓状態や糖尿病などで亢進するので、糖を利用できない場合のエネルギー獲得反応と考えられている。蜂が分泌するローヤルゼリーには種々の鎖長のω-ヒドロキシ脂肪酸多く含まれ、それらは抗菌性に貢献しているが、このω-ヒドロキシ脂肪酸の生合成にP-450が関与している。また、植物の葉や茎の表面を覆うクチンやコルクに堆積するスベリンにω-ヒドロキシ脂肪酸が多く含まれ、植物のP-450がこれらの物質の生成に関わっている。また、微生物による脂肪族炭化水素のω酸化は、炭化水素発酵において重要である。

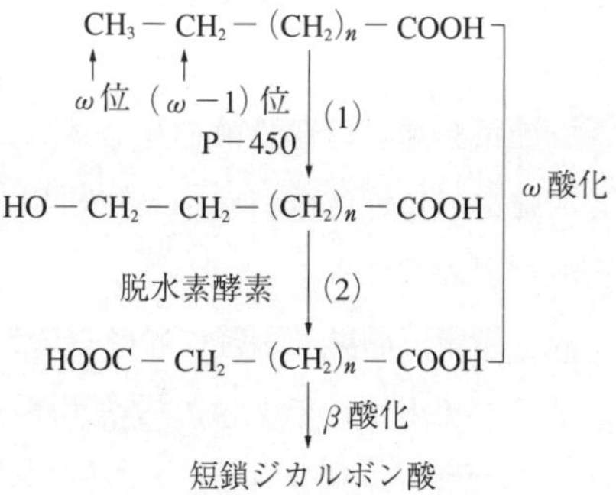

(2) プロスタグランジンの生理活性の調節

プロスタグランジン（PG）は、アラキドン酸や（エ）イコサペン

$$CH_3-CH_2-(CH_2)_n-COOH$$
$$\uparrow \quad \uparrow$$
$$\omega位\ (\omega-1)位 \quad (1)$$
$$P\text{-}450$$
$$HO-CH_2-CH_2-(CH_2)_n-COOH$$
$$脱水素酵素 \quad (2)$$
$$HOOC-CH_2-(CH_2)_n-COOH$$
$$\downarrow \beta酸化$$
短鎖ジカルボン酸

図3-19 脂肪酸のω酸化

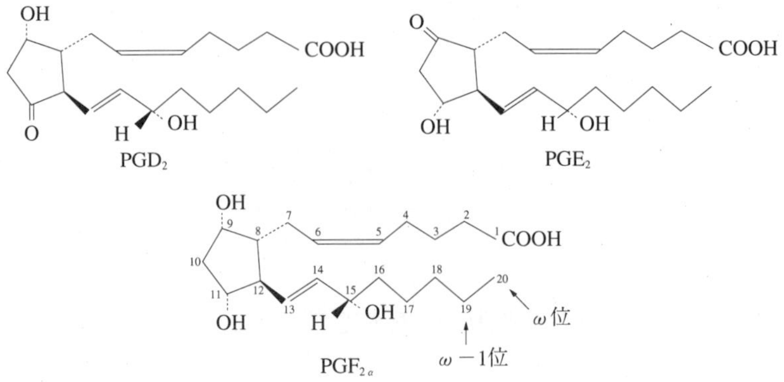

図 3-20　プロスタグランジンの構造

タエン酸などを出発物質として生体で合成される生理活性物質（平滑筋収縮，血小板凝集，血圧調節，睡眠調節，消化液分泌作用などを示す）でいろいろな種類のPGが知られている（図3-20）。P-450によるPGのωおよび（ω-1）水酸化反応はPGを不活性体に導く。たとえば，妊娠ウサギにおいてはPGF$_{2\alpha}$（平滑筋収縮作用）のP-450によるω-水酸化活性が著しく上昇し，PGF$_{2\alpha}$による子宮収縮作用を抑制しているので，P-450はPGの生理活性の調節に関与していると考えられる。

(3) 胆汁酸の生合成

胆汁酸はコレステロールを出発物質として肝臓でつくられ，脂肪の消化・吸収に必要な物質であるが，この生合成にも数種類のP-450が関与している（図3-21）。

脳腱黄色腫症は胆汁酸の生合成に関与するP-450の欠損症であり，アキレス腱などに黄色腫ができ，白内障，進行性神経障害，呼吸機能障害などの症状が認められる。

(4) 精巣，卵巣，副腎におけるステロイドホルモンの生合成

ステロイドホルモンは，男性ホルモン（テストステロン，ジヒドロテストステロン），女性ホルモン（17β-エストラジオール，エストロン，プロゲステロン）および副腎皮質ホルモン（コルチゾール，アルドステロン）に大別され，男性ホルモ

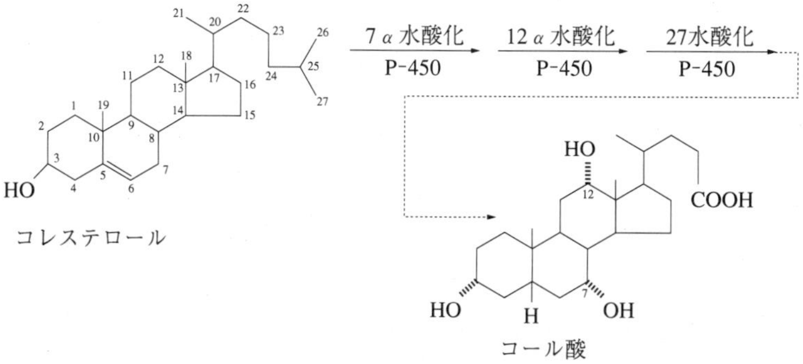

図 3-21　コレステロールからコール酸への変換

ンおよび女性ホルモンを合わせて性ホルモンと呼んでいる。ステロイドホルモンは胆汁酸と同様コレステロールを出発物質として，精巣，卵巣，副腎皮質および胎盤で合成されるが，ステロイドホルモンの生合成と不活性化にも多くの種類の P-450 が関与している。胆汁酸の場合と同様に，ステロイドホルモンの生合成に関わる P-450 の欠損症も知られている。また，昆虫，甲殻類などの脱皮や変態を誘導するホルモンであるエクジソン（エクダイソン）の生合成にも P-450 が必要である。

(5) ビタミン D の生合成

ビタミン D は骨や歯の生育に欠かせないビタミンであり，小腸ではカルシウム，リン酸の吸収を増加させ，腎臓ではカルシウム，リン酸の再吸収を促進する。ビタミン D はプロビタミン D と呼ばれるエルゴステロール（酵母，シイタケなどに多い）や 7-デヒドロコレステロール（肝油，バター，魚などに多い）は紫外線の照射を受けてそれぞれビタミン D_2 および D_3 に変換し，両者ともに肝臓および腎臓の P-450 の作用を受けて活性型ビタミン D になる（図 3-22）。

(6) 植物ホルモンなどの生合成

ジテルペンを出発物質とするジベレリン（植物ホルモンの一種で，茎や葉の伸長生長，休眠打破などを促進し，一部の植物では葉の老化阻止作用を示す）の生合成や

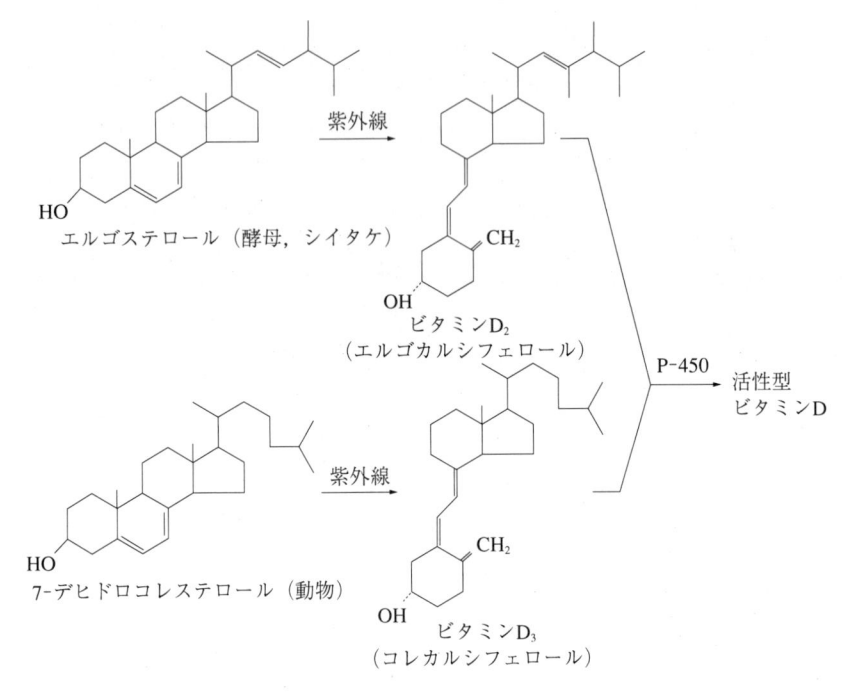

図 3-22 ビタミン D の生合成

モノテルペンからアルカロイドの一種であるロガニンへの変換に P-450 が関与している。

　以上スーパー酵素，P-450 の生理機能を述べたが，P-450 は生体防御のほかに内在性基質の代謝にも深く関わっており，生体にとって P-450 が果たす役割は非常に大きい。

〈引用文献〉
1) 林竹二『田中正造の生涯』講談社現代新書,講談社,1976年
2) 環境庁国立水俣病総合研究センター「水俣病に関する社会的研究報告書」,1999年
3) M. J. Molina and F. S. Rowland, *Nature*, **249**, 810, 1974.
4) S. Oden, *Water, Air and Pollution*, **6**, 137, 1976.
5) 石弘之『現代化学』10月号,p. 47,1988年
6) 立川涼ら, *The Transactions of the Tokyo University of Fisheries*, No. 5, 1982年

〈参考文献〉
1．レイチェル・カーソン,青木築一訳『沈黙の春』新潮文庫,新潮社,1990年
2．宇井純,根本順吉,山田國廣編『地球環境事典』三省堂,1992年
3．環境庁編『環境白書(総論,各論)』平成3年〜10年版,大蔵省印刷局,1991〜1998年
4．大竹千代子『新しい生活と科学』開成出版,1989年
5．石弘之『地球環境報告』岩波新書,岩波書店,1990年
6．石弘之『地球環境報告II』岩波新書,岩波書店,1998年
7．村上和雄『化学ってどんな科学』開成出版,1991年
8．コルボーン,ダマノスキ,マイヤーズ,長尾力訳『奪われし未来』翔泳社,1997年
9．リンダ・リア,上遠恵子訳『レイチェル』東京書籍,2002年

資料1　原子量表（2001）

元素名	元素記号	原子番号	原子量	元素名	元素記号	原子番号	原子量
アインスタニウム*	Es	99		ツ リ ウ ム	Tm	69	168.93421
亜　　　　　鉛	Zn	30	65.409	テクネチウム*	Tc	43	
アクチニウム*	Ac	89		鉄	Fe	26	55.845
アスタチン*	At	85		テ ル ビ ウ ム	Tb	65	158.92534
アメリシウム*	Am	95		テ ル ル	Te	52	127.60
ア ル ゴ ン	Ar	18	39.948	銅	Cu	29	63.546
アルミニウム	Al	13	26.981538	ドブニウム*	Db	105	
アンチモン	Sb	51	121.760	ト リ ウ ム*	Th	90	232.0381
硫　　　　　黄	S	16	32.065	ナ ト リ ウ ム	Na	11	22.989770
イッテルビウム	Yb	70	173.04	鉛	Pb	82	207.2
イットリウム	Y	39	88.90585	ニ オ ブ	Nb	41	92.90638
イ リ ジ ウ ム	Ir	77	192.217	ニ ッ ケ ル	Ni	28	58.6934
インジウム	In	49	114.818	ネ オ ジ ム	Nd	60	144.24
ウ ラ ン*	U	92	238.02891	ネ オ ン	Ne	10	20.1797
ウンウンウニウム*	Uuu	111		ネプツニウム*	Np	93	
ウンウンクワジウム*	Uuq	114		ノ ー ベ リ ウ ム*	No	102	
ウンウンニリウム*	Uun	110		バークリウム*	Bk	97	
ウンウンビウム*	Uub	112		白　　　　　金	Pt	78	195.078
ウンウンヘキシウム*	Uuh	116		ハッシウム*	Hs	108	
エ ル ビ ウ ム	Er	68	167.259	バ ナ ジ ウ ム	V	23	50.9415
塩　　　　　素	Cl	17	35.453	ハフニウム	Hf	72	178.49
オ ス ミ ウ ム	Os	76	190.23	パ ラ ジ ウ ム	Pd	46	106.42
カ ド ミ ウ ム	Cd	48	112.411	バ リ ウ ム	Ba	56	137.327
ガドリニウム	Gd	64	157.25	ビ ス マ ス	Bi	83	208.98038
カ リ ウ ム	K	19	39.0983	ヒ 素	As	33	74.92160
ガ リ ウ ム	Ga	31	69.723	フェルミウム*	Fm	100	
カリホルニウム*	Cf	98		フ ッ 素	F	9	18.9984032
カ ル シ ウ ム	Ca	20	40.078	プラセオジム	Pr	59	140.90765
キ セ ノ ン	Xe	54	131.293	フランシウム*	Fr	87	
キ ュ リ ウ ム*	Cm	96		プルトニウム*	Pu	94	
金	Au	79	196.96655	プロトアクチニウム*	Pa	91	231.03588
銀	Ag	47	107.8682	プロメチウム*	Pm	61	
ク リ プ ト ン	Kr	36	83.798	ヘ リ ウ ム	He	2	4.002602
ク ロ ム	Cr	24	51.9961	ベ リ リ ウ ム	Be	4	9.012182
ケ イ 素	Si	14	28.0855	ホ ウ 素	B	5	10.811
ゲルマニウム	Ge	32	72.64	ボーリウム*	Bh	107	
コ バ ル ト	Co	27	58.933200	ホ ル ミ ウ ム	Ho	67	164.93032
サ マ リ ウ ム	Sm	62	150.36	ポロニウム*	Po	84	
酸　　　　　素	O	8	15.9994	マイトネリウム*	Mt	109	
ジスプロシウム	Dy	66	162.500	マグネシウム	Mg	12	24.3050
シーボーギウム*	Sg	106		マ ン ガ ン	Mn	25	54.938049
臭　　　　　素	Br	35	79.904	メンデレビウム*	Md	101	
ジルコニウム	Zr	40	91.224	モリブデン	Mo	42	95.94
水　　　　　銀	Hg	80	200.59	ユウロピウム	Eu	63	151.964
水　　　　　素	H	1	1.00794	ヨ ウ 素	I	53	126.90447
スカンジウム	Sc	21	44.955910	ラザホージウム*	Rf	104	
ス ズ	Sn	50	118.710	ラ ジ ウ ム*	Ra	88	
ストロンチウム	Sr	38	87.62	ラ ド ン*	Rn	86	
セ シ ウ ム	Cs	55	132.90545	ラ ン タ ン	La	57	138.9055
セ リ ウ ム	Ce	58	140.116	リ チ ウ ム	Li	3	6.941(2)
セ レ ン	Se	34	78.96	リ ン	P	15	30.973761
タ リ ウ ム	Tl	81	204.3833	ル テ チ ウ ム	Lu	71	174.967
タングステン	W	74	183.84	ル テ ニ ウ ム	Ru	44	101.07
炭　　　　　素	C	6	12.0107	ル ビ ジ ウ ム	Rb	37	85.4678
タ ン タ ル	Ta	73	180.9479	レ ニ ウ ム	Re	75	186.207
チ タ ン	Ti	22	47.867	ロ ジ ウ ム	Rh	45	102.90550
窒　　　　　素	N	7	14.0067	ローレンシウム*	Lr	103	

＊安定同位体のない元素

資料2　元素の周期表

元素記号の左の数字は原子番号。下の数字は原子量概数（$^{12}C=12$）。
（　）内の数字はもっとも長い半減期をもつ同位体の質量数。

族周期	1	2	3	4	5	6	7	8	9	10	11	12	13	14	15	16	17	18
1	1H 1.008 水素																	2He 4.003 ヘリウム
2	3Li 6.941 リチウム	4Be 9.012 ベリリウム											5B 10.81 ホウ素	6C 12.01 炭素	7N 14.01 窒素	8O 16.00 酸素	9F 19.00 フッ素	10Ne 20.18 ネオン
3	11Na 22.99 ナトリウム	12Mg 24.31 マグネシウム											13Al 26.98 アルミニウム	14Si 28.09 ケイ素	15P 30.97 リン	16S 32.07 硫黄	17Cl 35.45 塩素	18Ar 39.95 アルゴン
4	19K 39.10 カリウム	20Ca 40.08 カルシウム	21Sc 44.96 スカンジウム	22Ti 47.87 チタン	23V 50.94 バナジウム	24Cr 52.00 クロム	25Mn 54.94 マンガン	26Fe 55.85 鉄	27Co 58.93 コバルト	28Ni 58.69 ニッケル	29Cu 63.55 銅	30Zn 65.41 亜鉛	31Ga 69.72 ガリウム	32Ge 72.64 ゲルマニウム	33As 74.92 ヒ素	34Se 78.96 セレン	35Br 79.90 臭素	36Kr 83.80 クリプトン
5	37Rb 85.47 ルビジウム	38Sr 87.62 ストロンチウム	39Y 88.91 イットリウム	40Zr 91.22 ジルコニウム	41Nb 92.91 ニオブ	42Mo 95.94 モリブデン	43Tc (99) テクネチウム	44Ru 101.1 ルテニウム	45Rh 102.9 ロジウム	46Pd 106.4 パラジウム	47Ag 107.9 銀	48Cd 112.4 カドミウム	49In 114.8 インジウム	50Sn 118.7 スズ	51Sb 121.8 アンチモン	52Te 127.6 テルル	53I 126.9 ヨウ素	54Xe 131.3 キセノン
6	55Cs 132.9 セシウム	56Ba 137.3 バリウム	57～71 ランタノイド	72Hf 178.5 ハフニウム	73Ta 180.9 タンタル	74W 183.8 タングステン	75Re 186.2 レニウム	76Os 190.2 オスミウム	77Ir 192.2 イリジウム	78Pt 195.1 白金	79Au 197.0 金	80Hg 200.6 水銀	81Tl 204.4 タリウム	82Pb 207.2 鉛	83Bi 209.0 ビスマス	84Po (210) ポロニウム	85At (210) アスタチン	86Rn (222) ラドン
7	87Fr (223) フランシウム	88Ra (226) ラジウム	89～103 アクチノイド	104Rf (261) ラザホージウム	105Db (262) ドブニウム	106Sg (263) シーボーギウム	107Bh (264) ボーリウム	108Hs (265) ハッシウム	109Mt (268) マイトネリウム									

ランタノイド	57La 138.9 ランタン	58Ce 140.1 セリウム	59Pr 140.9 プラセオジム	60Nd 144.2 ネオジム	61Pm (145) プロメチウム	62Sm 150.4 サマリウム	63Eu 152.0 ユウロピウム	64Gd 157.3 ガドリニウム	65Tb 158.9 テルビウム	66Dy 162.5 ジスプロシウム	67Ho 164.9 ホルミウム	68Er 167.3 エルビウム	69Tm 168.9 ツリウム	70Yb 173.0 イッテルビウム	71Lu 175.0 ルテチウム
アクチノイド	89Ac (227) アクチニウム	90Th 232.0 トリウム	91Pa 231.0 プロトアクチニウム	92U 238.0 ウラン	93Np (237) ネプツニウム	94Pu (239) プルトニウム	95Am (243) アメリシウム	96Cm (247) キュリウム	97Bk (247) バークリウム	98Cf (252) カリホルニウム	99Es (252) アインスタイニウム	100Fm (257) フェルミウム	101Md (258) メンデレビウム	102No (259) ノーベリウム	103Lr (262) ローレンシウム

資料 3 基本物理定数

量	記号および等価な表現	値
真空中の光速度	c	2.9979×10^8 m s^{-1}
真空の誘電率	ε_0	8.8542×10^{-12} C^2 N^{-1} m^{-2}
電気素量	e	1.6022×10^{-19} C
プランク定数	h	6.6262×10^{-34} J s
アボガドロ定数	L	6.0220×10^{23} mol^{-1}
原子質量単位	$1\,\mathrm{u} = 10^{-3}$ kg mol$^{-1}/L$	1.6606×10^{-27} kg
電子の静止質量	m_e	9.1095×10^{-31} kg
ファラデー定数	$F = Le$	9.6485×10^4 C mol^{-1}
ボーア半径	$a_0 = \varepsilon_0 h^2 / \pi m_e e^2$	5.2918×10^{-11} m
気体定数	R	8.3144 J K^{-1} mol^{-1}
		(8.2056×10^{-2} dm^3 atm K^{-1} mol^{-1})
セルシウス目盛におけるゼロ	T_0	273.15 K （厳密に）
標準大気圧	P_0	1.01325×10^5 Pa （厳密に）
理想気体の標準モル体積	$V_0 = RT_0/P_0$	2.2414×10^{-2} m^3 mol^{-1}
ボルツマン定数	$k = R/L$	1.3807×10^{-23} J K^{-1}
自由落下の標準加速度	g_n	9.80665 m s^{-2} （厳密に）

資料 4 SI 基本単位

量	単位の名称	単位記号
長　　さ	メートル	m
質　　量	キログラム	kg
時　　間	秒	s
電　　流	アンペア	A
熱力学温度	ケルビン	K
物 質 量	モル	mol
光　　度	カンデラ	cd

資料5　SI誘導単位

物理量	SI単位の名称	SI単位の記号	SI単位の定義
力	ニュートン	N	$m\ kg\ s^{-2}$
圧力	パスカル	Pa	$m^{-1}\ kg\ s^{-2}\ (=N\ m^{-2})$
エネルギー	ジュール	J	$m^2\ kg\ s^{-2}$
仕事率	ワット	W	$m^2\ kg\ s^{-3}\ (=J\ s^{-1})$
電気量	クーロン	C	$s\ A$
電位差	ボルト	V	$m^2\ kg\ s^{-3}\ A^{-1}\ (=J\ A^{-1}\ s^{-1})$
電気抵抗	オーム	Ω	$m^2\ kg\ s^{-3}\ A^{-2}\ (V\ A^{-1})$
電気容量	ファラッド	F	$m^{-2}\ kg^{-1}\ s^4\ A^2\ (=A\ s\ V^{-1})$
周波数	ヘルツ	Hz	s^{-1}

索　引

ア行

RNA	77
悪性中皮腫	130
悪玉コレステロール	73
アクチン	32
足尾鉱山鉱毒事件	93
アスパルテーム	49
アスベスト	128
アセチル CoA	70
アデノシン 5'-三リン酸	53
アニリンパープル	i
アボガドロ	4
アミノアシル-トランスファー RNA	83
アミノ酸	24, 27
アミロース	44
アミロペクチン	45
アラキドン酸	58, 65
アルカリ	15
アルカリ性	15
アルキルフェノール	135
アルギン酸	49
アルコールの酸化	144
アルコール発酵	53
α-リノレン酸	58, 66
アルブミン	32
アレーニウス	16
安定同位体	5
硫黄酸化物	95, 105
イオン	7
——結合	10-1
石綿	128
石綿肺	130
異性体	23
イソブタン	104
イタイイタイ病	93
遺伝子	81
異物	138
陰イオン	11
インスリン	33, 43
イントロン	82
VLDL	75
ウイルス	85
ウェーラー	22
ウシ海綿状脳症	41
『奪われし未来』	133
エイコサペンタエン酸	64
エイズ	86
HIV	87
HDL コレステロール	75
ATP	53
ABO 式血液型	55
エキソン	82
エコロジー	92
SO_x	95-6, 105, 110
SPM	96
NO_x	96, 105, 110-1
mRNA	81
エラスチン	32
LDL レセプター（受容体）	72
塩基	15
塩基性	15
オーデン	105
大村恒雄	141
オキシトシン	31
4-t-オクチルフェノール	135, 138
オゾン	98
——層	98

——ホール	100-1
オレストラ	71-2
温室効果	101,112

カ 行

カーソン	92,117
解糖	52
化学結合	9-10
化学物質	i ,138
——（ゼノバイオティクス）の不活性化	144
核酸	77
核種	4
化合物	10
過酸化脂質	66
活性化エネルギー	19
価電子	7,23
果糖	43
カドミウム	94
カネミ油症事件	116
鎌状赤血球ヘモグロビン	36
ガモフ	1
ガラクトース	43
枯葉剤エージェント・オレンジ	120
カロテノイド	60,67
川崎喘息	96
環境ホルモン	49,132,139
γ-リノレン酸	58
基質特異性	33,143
気体反応の法則	3
キチン	46,50
キトサン	46
ギブズ	18
——の自由エネルギー	18
逆転写酵素	84,86
吸エルゴン反応	19
球状タンパク質	31
狂牛病	41

鏡像異性体	23
共有結合	11
共有電子対	12
虚血性心疾患	74
キロミクロン	69,75
金属結合	13
クエン酸サイクル	53
グリコーゲン	45
グリコサミノグリカン	47,54
グリセリン	47
グリセロール	47,60
クリック	79
グルコース	42,67
グルコマンナン	46,49
クルッツェン	98
クロイツフェルト・ヤコブ病	41
黒い森	108
クロロフルオロカーボン	97
形質	81
血液型活性糖脂質	55
解毒機構	140
ゲノム	81,85
ケラチン	32
原子	3
原始遺伝子	84
原子核	4
原子説	3
原子番号	5,8
原子量	7-8
元素	2-3,5,10
高エネルギー化合物	53
公害問題	92
光学異性体	24,30
抗原	39-40
恒常性	132
酵素	32-3
——の変性	33
抗体	38,40

高度不飽和脂肪酸	57,64
高密度リポタンパク質	70,75
コドン	83
コプラナー PCB	117-8
コラーゲン	32
孤立電子対	12
コルボーン	132
コレステロール	59-60,72
コンドロイチン	47

サ 行

最外殻電子	7,10,13,23
サイクラミン酸ソーダ	49
細胞内小器官	75
サッカリン	48
佐藤了	141
酸	15
酸化的リン酸化	53
酸性	15
酸性雨	105
COD	127
CJD	41
四塩化炭素	103
紫外線	98
p,p'-ジクロロジフェニルトリクロロエタン（DDT）	91,117
脂質	56
——二分子膜	76
質量数	4
質量保存の法則	i,3
シ（チ）トクロム P-450	38,139,141
ジベレリン	153
脂肪	60
脂肪酸	56-7,60
——の ω 酸化	151
自由エネルギー	18
——変化	53
周期表	8
周期律	8
自由電子	13
受動喫煙	149
シュワルツワルト（黒い森）	108
食細胞	40
食物繊維	49-50
女性ホルモン	152
人工油脂	71-2
水素イオン	17
——指数（pH）	17
水素結合	13,79
スクロース	43
ステビア	49
ステロイド	59
——ホルモン	60,152
スフィンゴシン	58
スフィンゴミエリン	62
スプライシング	82
生態学	92
生体膜	76
性ホルモン	59
生理活性物質	152
赤外線	98,111
ゼノバイオティクス	138
——の活性化	146
——の不活性化	144
セルラーゼ	46
セルロース	46,50
繊維状タンパク質	31
旋光性	24
善玉コレステロール	75
阻害剤	33

タ 行

ダイオキシン	119,136,139,143
——の耐容1日摂取量	123
ダイオキシン類	120,137
多環芳香族炭化水素	143,147

脱代替フロン	104	電子	2,4
多糖類	42	電子殻	5
田中正造	93	電子対	12
ダマノスキ	132	電子伝達系	53
胆汁酸	59,69,153	電子配置	5
単純脂質	57	転写	82
男性ホルモン	152	デンプン	44
単体	10	電離	15
単糖類	42	同位体	5
タンパク質	27	糖脂質	63
──性感染粒子	40	糖質	42
──の構造	31	動脈硬化	74
──の生合成	81	特定フロン	102
地球温暖化現象	111	ドコサヘキサエン酸	64-5
地球温暖化防止京都会議	104,115	利根川進	40
チクロ	49	トリアシルグリセロール	60,70
窒素酸化物	96,105	トリカルボン酸サイクル	53
中間密度リポタンパク質	70	1,1,1-トリクロロエタン	103,124
中性子	2,4	トリクロロエチレン	124,126,139,146
中性脂肪	60,67	2,4,5-トリクロロフェノキシ酢酸	119
超低密度リポタンパク質	70	トリハロメタン	124,126,146
『沈黙の春』	92	トリブチルスズ	135
DNA	77	ドルトン	3
──複製	80	トロンボキサン	65
DO	128		
TCAサイクル	53,68	**ナ 行**	
DDT	91,117,134	内在性基質	151
定比例の法則	3	──の代謝	151,154
低分子有機化合物	139	内分泌攪乱化学物質	49,132
低密度リポタンパク質	70,72	内分泌腺	132,141
デオキシリボ核酸	40,77	新潟水俣病	95
テトラクロロエチレン	124	二酸化炭素	105,114
2,3,7,8-テトラクロロジベンゾ-p-ジオキシン (2,3,7,8-TCDD)	120	二重らせん	79
		二糖類	42-3
テルペノイド	59	ニトログリセリン	48
転移RNA	83	ヌクレオチド	78
電解質	14	ノニルフェノール	135,138
電気陰性度	12-3		

ハ行

パーキン	i
配位結合	13
肺がん	130, 147
ハイドロクロロフルオロカーボン	103
ハイドロフルオロカーボン	104
発エルゴン反応	19
ハロン	103, 139
ヒアルロン酸	47
pH	17, 33, 38
BHC	91, 117
BSE	41
BOD	127
PCDF	116, 120
PCDD	119-20
PCB	115, 134, 139, 143
ヒートアイランド現象	114
P-450	139, 144, 146
——の誘導（現象）	143
Bリンパ球	38
非共有電子対	12
ビスフェノールA	136
ビタミンE	59, 67
ビタミンC	67
ビタミンD	153
ビッグバン	1
必須脂肪酸	58
非電解質	15
ヒト免疫不全ウイルス	87
飛灰（フライアッシュ）	121-2
標準自由エネルギー変化	19
日和見感染	88
ピリミジン塩基	78
ピルビン酸	53
ファン・デル・ワールス力	14
フィードバック抑制	72
フィブロイン	32
複合脂質	57, 61
複合糖質	54
副腎皮質刺激ホルモン	31
副腎皮質ホルモン	59, 152
不斉炭素原子	23
ブタン	104
不対電子	12
不飽和脂肪酸	57
浮遊粒子物質	96
プリオン	40
——病	41
プリン塩基	78
フルクトース	43
プルジナー	40
フレオン	97
ブレンステッド	16
プロスタグランジン	65, 151
プロセシング	82
プロトマー	31, 34, 36
プロパン	104
フロン	97, 101, 139
分子説	4
分子多様性	142
分子量	7-8
β-カロテ（チ）ン	60
ペクチン	46, 49
ヘテロ接合体	37
ペニシリン	55
ペプチド	30
——結合	30
ヘム	34-5
ヘモグロビン	32, 34
ヘルシンキ宣言	103
ヘルパーT細胞	87
——の減少	88
変異型クロイツフェルト・ヤコブ病	42
ベンゼンヘキサクロリド	91, 117
ベンゾ[a]ピレン（3,4-ベンゾピレン）	

抱合酵素	146
放射性同位体	38, 139-40
飽和脂肪	5
飽和脂肪酸	64
ポーリング	57
ホスファチジルコリン	36
補体	61
ホメオスタシス	40
ホモ接合体	132
ポリ塩化ビフェニル	37
ポリクロロジベンゾ-p-ジオキシン	115
ポリクロロジベンゾフラン	120
ポリフィリン	116, 120
翻訳	34
	83

マ 行

マイヤーズ	133
マラリア	37, 113
——原虫	37
マルトース	44
ミオグロビン	32, 35-6
ミオシン	32
緑のペスト	107
水俣病	94
無機化合物	20
ムコ多糖	47
メチル水銀	94
メッセンジャーRNA	81
免疫グロブリン	32, 38, 55
メンデレーエフ	8
モリーナ	98
モントリオール議定書	102

ヤ 行

有機化合物	20
有機水銀	94
有機スズ	135
誘導脂質	57
油脂	60
陽イオン	11
溶液	14
溶解	14
陽子	1, 4
溶質	14
溶存酸素	128
溶媒	14
四日市喘息	95

ラ 行

ラクトース	44
リグニン	50
リノール酸	58
リボース	43
リボ核酸	40, 77
リボザイム	84
リボソーム	82
リポタンパク質	34, 69
流動モザイクモデル	77
リン脂質	61
ルイス	11
レシチン	61
レトロウイルス	86
ロウ	60
ローランド	97

ワ 行

ワトソン	79

著者略歴

三浦　洋四郎（みうら・ようしろう）
1964年　東北大学理学部化学科卒
1969年　東北大学大学院理学研究科博士課程修了，理学博士
現　在　帝京大学教授（医療技術学部・化学）
専　門　脂質生化学・環境化学

生命と環境の化学

2003年4月15日第1版1刷発行
2010年8月10日第1版5刷発行

著　者 ─ 三　浦　洋四郎
発行者 ─ 大　野　俊　郎
印刷所 ─ 松　本　紙　工
製本所 ─ グ　リ　ー　ン
発行所 ─ 八千代出版株式会社
　　　　〒101-0061　東京都千代田区三崎町2-2-13
　　　　TEL　　03-3262-0420
　　　　FAX　　03-3237-0723
　　　　振　替　00190-4-168060

＊定価はカバーに表示してあります。
＊落丁・乱丁はお取換えいたします。

© 2003 Printed in Japan
ISBN 978-4-8429-1266-0